向TOYOTA學習！

「1張紙」精準思考、解決問題

淺田卓

前言

「太淺薄、太天真、太膚淺」

首先，我想先感謝大家願意閱讀這本書。
這本書，是為了曾被說過這些話的人所寫的。

假設在一個週五的下午四點半，你正在與主管開會。
雖然是個很重要的會議，但會議一結束，就要迎來週末了。

為了這一天，你從週一就開始一直在準備資料。
這些資料都是你縝密思考的結果，你深信「準備到這程度一定沒問題！」
由於主管怕熱，所以你也早已將會議室的冷氣加強。
無論是資料或細節都已準備周全，看來應該趕得上下班後的約。

但一開始說明後，主管的表情卻不太好。
當你將資料都報告完的瞬間。

迎來的是主管的瘋狂質問……
就算很忙，你還是花了時間，盡全力思考了這些內容。然而卻未能獲得好的迴響。
在答非所問與沈默的交錯下，會議很早就結束了。在轉開門把離開會議室前，主管留下了一句話。

「在工作時，應該要思考得更縝密一些。」

獨留在會議室中，耳邊只剩下冷氣機運轉的聲音。

你撿起被風吹落在地板的資料，塞進碎紙機後就離開了會議室。

只能在通知朋友後，再度回到位置上打開電腦……

雖然是一個短短的故事，但你看了之後有什麼感想呢？若你覺得這個場景似曾相識，希望你能繼續讀下去。

若你讀了之後沒什麼感覺，不妨試著看看接下來這些台詞。

「你的思考太過淺薄了！」「你太天真了！」「太膚淺了吧？」「這太單薄了」

「你真的有認真思考過嗎？」「你覺得光憑這樣的資料我有辦法做判斷嗎？」

「你該不會就只想到這些吧？」等等。

本書是為了那些感到「我再也不想被這麼說了」的人所寫的。

並希望讓你往後工作時，總被周圍認為「你工作時總是『思考得很透徹呢』」，且成為受到重視的人。

若你想體驗這種前後對比，請繼續閱讀本書。此時的關鍵就在於「徹底思考」。

・具體而言，「透徹思考」到底是什麼？

・為什麼過去自己沒辦法「透徹思考」呢？

・未來該怎麼做，才能讓自己的每一天都「透徹思考」呢？

針對這些疑問，本書將能儘可能以簡單易瞭、有趣、更容易付諸行動的方式來消除。

為此，本書將選擇讓大家透過具體的經驗、故事來學習針「透徹思考」這個極為抽象的主題。

而這些經驗的背景，則是豐田汽車（以下記載為豐田）。

想從豐田學習，卻學不到……

在進入正文前，請容我做個自我介紹。

我的上班族生涯有很大一部分都是在豐田度過的。

不過我並非在生產現場工作，而是隸屬於海外業務部的上班族。雖然最近越來越多人遠端辦公，但由於目前還沒有統稱上班族和遠端工作者的詞彙，因此接下來本書中所提到的上班族也包含遠端工作者。

不過無論如何，本書所出現的故事中，並不會有工廠和工具機等等。

為因應「從業績超過三十兆日圓，代表日本的世界型企業豐田學習！」的需求，書店裡總是擺滿了大量與豐田有關的書籍。

然而這些書籍中舉的例子大多都與生產設備、產線有關。若非熟悉生產現場的讀者，恐怕難以產生共鳴。

就拿剛才寫到的「產線（line）」來舉例。以前和從事服務業的友人聊天時，友人就曾回我「產線（line）是什麼？」實際上，應該也有人不明白產線到底是什麼吧。

「產線」指的是「為以流水線作業的方式組裝商品，而讓作業員配置成一列的生產方式」。但這些書中鮮少補充說明，讓許多非製造業的商務人士看了一頭霧水。

而本書中只有舉出辦公室作業的相關例子，因此無論是哪個業界，從事什麼工作的人，都能將這些例子帶入自己的情境，更容易閱讀。

我希望這本書能幫助那些過去看了「工廠系列豐田書籍」，卻感到一頭霧水的人。

接下來我將大量分享自己在豐田職場工作所學到的經驗、見聞、知識，以及一路實踐的**「透徹思考能力」，及相關故事和其精髓**。請期待接下來的正文吧。

在第十本、第十年的關頭

在我創業以後，主要有兩項事業主軸。

一個是書寫商業書籍的作家工作。

包含出文庫本的書籍在內，這本書是我關鍵的第十本書。由於著作累積銷量超越五十萬本，再加上這本書的出版，又迎向了一個重要時刻。這也都多虧各位讀者，因此我想獻上深深的感謝。

另一個事業主軸，就是「社會人士教育專家」。

我參與了企業研習、演講，公司也有營運學校和線上學習社群。而這項事業也剛好在今年迎向了十週年。

過去這段時間我們遇見了超過一萬名的聽講者。每天都與大、中、小企業的商務人士有所交集。

我希望透過自我介紹，讓大家明白我除了出身豐田之外，也同時是專業教育家。能為學習者提供更易懂、更有共鳴的解釋。並能提供協助，讓大家可以靠自己的力量實踐。

這次的題目是**「該怎麼做，才能將『透徹思考』運用在工作上」**，其實這確實不簡單。但想想正因為有這十年、十本、五十萬冊的累積，才能處理如此有挑戰性的題材。這麼說來這確實是一個值得一試，非常刺激的題目。

為了能幫上各位的忙，我自己也不斷透徹思考，寫下了這本書。

這本書的架構非常特別，請務必用開放的心，順著文章的脈絡讀到最後。那麼就正文見囉。

「一張紙」WORKS 淺田卓

向TOYOTA學習！「1張紙」精準思考、解決問題　目錄

結語

故事11：「0張紙」

※影片分享網站有時會因為網站等狀況，未預先告知就變更或移除影片；影片如為外文，恕無法提供翻譯。
如有造成不便，還請見諒。

DTP ▼ 一企劃

～本書的閱讀方式～

本書的各個章節以故事為主而構成，整本書採取如電影故事推進一般的架構。

一開始所拋出的伏筆，將於本書後段收回，又或是朝著意想不到的方向前進。本書為將這十年、十本書、五十萬冊的感謝化為具體，除了學習之外，也能同時帶大家娛樂性。

就像若事先知道故事的走向，會大大降低看電影的樂趣，希望大家在開始看書之前，先不要看下面的構造圖，好好享受思考的樂趣。因為這是一本以「透徹思考」為題的書。希望大家都能體驗這種有別於一般商業書籍，能享受「多多思考」的閱讀體驗。

但另一方面，應該也有一些讀者在閱讀商業書籍時，比起享受娛樂，希望能更迅速直接地瞭解並學習。因此以閱讀為第一優先，不希望耗費腦力在摸索上的讀者，也可以在閱讀時適時參考以下構造。

	前　言	第0章	…貫徹本書的「目的、工作觀」
前篇	第1章	第2章	…「解決問題」的本質
前篇	第3章	第4章	…「一張紙」的本質
前篇	第5章		…1～4章的整理、總結
後篇	第6章		…從理解轉換到實踐
後篇	第7章	第8章	…「透徹思考能力」的實踐篇
後篇	第9章	第10章	…更實際的「超・實踐」篇
	第11章	後　記	…總結和展望「未來」

第 0 章

故事0：「工作」

進公司前一天，睡不著的夜晚

三月三十一日晚上十點，愛知縣豐田市。

在進豐田的前一晚，我人在名為丸山豐和的員工宿舍。

在當時，宿舍應該也已經建了超過三十年以上了。

宿舍的格局剛好是4.5帖。

雖然大家應該都聽過「4.5帖」這個大小，但在令和年代的現在，應該很少有人實際住過這樣大小的房間吧？

雖然回首過去，這確實是一段非常寶貴的經驗。但不知是否是因為那破破爛爛的榻榻米、窗框上的蜘蛛網，以及充滿灰塵的環境，讓我在一個月後，人生首度得到肺炎。

雖然這樣大小的房間放不下書櫃，但我是閱讀成癮者，手邊沒有書就活不下去。因此我從老家精挑細選了十本書，帶到了宿舍。

明天開始，我的社會人士生涯終於要開始了。我想大家應該也曾歷經過相同的時光吧。當時的你們又在做些什麼呢？

實在是睡不著的我，拿起一本書看。

《工作的思想 為什麼我們要工作？（仕事の思想 なぜ我々は働くのか，暫譯）》（田坂廣志／PHP研究所）。

這是其中一本我至今仍反覆閱讀的名著。

在進公司前一晚的關鍵時間點，讀到了這本書中的這段內容，對我來說是影響我未來社會人士生活決定性的一刻。

當人類成長後，將能看見人心。例如你將能明白顧客及職場同事的心情。
當你了解了顧客和同事的心情，
就能讓「工作上手」。
這是因為「工作」是一件讓「旁人」能夠更「輕鬆」的事。
工作能讓身邊的顧客和夥伴變得輕鬆。

工作就是「工作＝讓旁人輕鬆」的一件事，「讓旁人輕鬆」其實也就是「為身旁的人做出貢獻」。

當時的我就希望能透過工作獲得成長。而就如我引用的文章前半段所說，成長這件事非常重要。

然而這裡指的成長，絕非**自己說了算**。

而是**你的成長要與貢獻他人有所連結**。

大家能明白其中差異嗎？

現在的時代，被稱為「只有現在、只有金錢、只有自己」的時代。

正因為「三點主義」，也就是「扭曲的個人主義」在這個社會彌漫，因此以「超脫自我的工作觀」工作，變得格外重要。

從商務層面來說，這個觀念的定位就好比是最上方的鈕扣。

若一開始最重要的工作觀就出現偏差，那後面的鈕扣全都會扣錯。

之所以能不扣錯鈕釦，熬過上班族時期及創業時期走到今天，都是因為當時的那些讀書經驗。

以上的內容是我在進公司前一晚所發生的故事，因此我把它安排為前傳式的序章。而這邊所寫的工作觀，將從第一章的故事1開始，就是貫串整本書的核心概念。由於是引言，在這裡就先簡短做結束。但請將這個工作觀放在心中，來閱讀這本書。

Essence of Episode 0

✔ 「工作＝勞動」，就是讓「旁人＝身邊的人」能夠「輕鬆」的事情。

第 1 章

故事1：「TBP」

在新人研習中所學到的事

在序章中，我介紹了一本看似與豐田毫無關係的書當作引言。而我為什麼會用這種方式切入呢？

那是因為進公司後，我在故事0中所提到的工作觀「工作＝讓旁人輕鬆」，和豐田新人研習的內容不謀而合的關係。

雖然有些同期幾乎睡掉整個研習，但就我個人而言，我那幾天非常感動，甚至到「如果可以，我還想聽十次」的程度。

我加入豐田時，在四月時有舉辦為期一個月的集中聽講研習。

接下來歷經工廠實習，在製造最前線工作；後來則是實習販賣，有機會參與在商場最前線汽車經銷商的販售工作。

在這些經驗中我也學到了許多事情，但為扣緊本書的主題「透徹思考能力」，我決定將範圍縮現在研習第一個月學到的事情。

在四月的聽講研習中，我到底學到了什麼呢？

研習內容包括看現在的松本白鸚（當時叫做九代目松本幸四郎）所主演的電影《Drive for the Future》，學習豐田的歷史，以及學習各種交換名片方式等商業禮儀。

但這個月大多的時間，都用在與「Toyota Business Practice（以下稱TBP）」相關的研習上。順帶一提，現在的研習時間變更長，也有更多各式各樣的學習機會了。至於豐田的歷史方面，似乎換成了佐藤浩市主演的TBS日劇《LEADERS》。但無論是哪部作品都非常優秀，請務必觀賞。

※關於豐田的研習內容，是根據以下公開報導及影片所寫。若有興趣，請參考。
https://globis.jp/article/4806

「豐田、生意、練習」是什麼？

豐田、生意、練習、通稱為「TBP」。

由於這個簡稱會在本書中大量出現，因此希望大家可以記起來。若簡單直譯的話，就是**「實踐豐田的工作（＝生意）、工作的執行方式（＝練習）」**的意思。

也就是將「在豐田，工作是這麼一回事！」的定義，明確言語化。

各位的公司是否有明確定義「工作是什麼？」「勞動是什麼？」呢？

若沒有相關定義，你又是否已經思考透徹到自己能夠解釋了呢？

歡迎比對公司及自己的工作觀，繼續讀下去。

豐田對工作的定義由以下八個步驟組成。

這些步驟稱為**「TBP8STEP」**，不只是日本，全世界的豐田員工都學習這套步驟。不過這八個步驟並非機密。

這些都是只要看過書店中販售的豐田相關書籍，誰都能學習到的公開知識。

本書中將引用二〇一九出版的《Lean Construction Management — The Toyota Way》（Jeffrey K. Liker, Karyn Ross著／稲垣公夫譯／日經BP），作為較新的參考文獻，並活用在書中。

- STEP1：明確定義問題
- STEP2：分析、分解問題
- STEP3：設定改善目標
- STEP4：真因分析
- STEP5：擬定對策
- STEP6：執行對策至結束

・STEP 7：審慎檢視結果與過程
・STEP 8：將順利執行的過程標準化

關於各個步驟，我將留在下一個章節之後解說。

現在我只需要大家先了解藉由這八個步驟，歸納出的一個重點。

那就是「問題明確化」、「真因分析（可以先理解為真正的原因）」、「擬定對策」等等。

也就是說，這八個步驟就是「解決問題的方法」。

藉此，我可以把「豐田的工作是什麼？」的定義以一句話要約。

TBP＝豐田的「工作＝勞動」就是「解決問題」。

看到這裡，請試著回想起序章中的故事0。

「工作＝勞動」就是「讓某人更輕鬆」。

我儘可能地重新統一了寫法，所以大家應該能很快能將兩者連結。
為什麼我會如此受TBP感動，甚至「希望能聽講很多次！」呢？
那是因為**「工作＝解決問題＝讓旁人輕鬆」**一下子串在了一起。

而關於該怎麼做才能解決周遭的問題，並對社會和人們做出貢獻這點，也很清楚地寫明，只要遵守這八個步驟就能達成。且只要去書店中的豐田書區，每個人都能獲得這套明智的方法。這麼說並不誇張，但我認為這可說是日本在世界中值得驕傲的無形文化資產，你同意嗎？

順帶一提，像這樣言語化，並且做出架構，以便多數人容易重現的行為，在豐田稱為**「標準化」**。

由於在後續的章節中，標準化是一個重要詞彙，也會反覆登場。為此希望大家能先慢慢熟悉這個詞彙。

該如何獲得真正的問題解決能力？

「知行合一」是我很喜歡的一個詞彙。

也許會有些人認為我突然提這個問題很唐突，但接下來我還有一個很唐突的問題。大家的小學裡，是否有著二宮金次郎的銅像呢？

雖然這幾年他的銅像因被說是「邊走邊玩手機的始祖」等原因而一一被撤走，但每當我在東京車站附近的八重洲書店看到二宮金次郎時，都會想起**「水、冰柱、溫暖氣息」**的故事。請容我引用《二宮翁夜話》（中央公論新社）中的文章。我想這段內容，能加深大家對「知行合一」的了解。

書中的註釋，就像冰會垂下變成冰柱，冰融化後又再度凝結為冰柱的過程。既無法滋潤世界，水也無法派上用場（中間省略）。成了冰的經書若想在世上派上用場，就必須用心中的溫氣（溫暖）融化他，並用那些水來滋潤這個世界，要不然實在毫無益處（中間省略）。因此我的教誨是重視實踐。

正如引用的文字所說，雖然故事0中寫了那些內容，但我認為我之所以能至今都將「工作＝勞動＝解決問題」當作根本的工作觀，真正的原因其實不只是因為我進公司前晚的讀書經歷。

進公司前，我其實不過是得以學習並獲得了提醒。也就是說若以二宮金次郎＝尊德的話來說，不過是「知識＝冰＝冰柱」的狀態。

進了豐田後，透過每天實踐，不斷親身體驗、發覺TBP，以及徹底遵從「行動＝用自身的溫暖融化冰，再變成水加以活用」才能「知行合一」，學會這套方法。

更準確來說，TBP的八個步驟並不光是用來「為了自己」解決問題，而是活用在替「職場及組織，以及客人等人」解決問題。

正因為沒有丟失這個本質……不，其實我也曾迷失過……

總之，正因為後來我還是努力回歸到商業的正道、主線，才能持續執行工作及繼續我的事業。而TBP的相關書籍不侷限於剛才的參考文獻，還有眾多出版。

自從創業，從事社會人士教育後，我自己也收到了許多與「豐田的工作方式＝解決問題的方法」相關的問題與討論。

但大多商務人士的學習目的，都以提升自己的技巧為主。

很遺憾，大多數的人都只是為了自我實現、自我滿足、自己的利益而學習解決問題技能，就是社會人士教育無法掩蓋的事實。

「傍若無人」是我不太喜歡的一句話。

彷彿身旁沒有人。

光看字，就知道是與「讓旁人輕鬆」的工作觀背道而馳。

沒有什麼事比嘴上說著「我的強項是解決問題的能力！」等話，實際上卻忙著向他人示威，更偏離解決問題的本質。

我真心希望至少願意拿起這本書的各位，能不要扣錯扣子。

「豐田模式」的起源是……

TBP的基礎，是根據更抽象，更大範圍，名為「豐田模式二〇〇一」的員工行為規範所統整而出的。

雖然名稱一直停留在「二〇〇一年」，但基於「務必正視不變的事物，以免停止思考」的想法，經過了約莫二十年後，這份規範在近年已更新為**「豐田模式二〇二〇」**了。

當時，未來的豐田人的行為規範中，第一個被提及的關鍵字就是**「為了『某人』」**。

在這裡引用官網上所記載的解說文。

人會為了人而去努力、下功夫、有動力。今天也要站在客人、等著我們的人的角度看事情，超越自己。

我看到這個關鍵字的解說文時，總覺得自己當時一路走來「工作＝讓旁人輕鬆＝解決問題」的信念，以及過去實踐的作為都獲得了回報。既使已經離開豐田多年，我還是非常感動。

不應採取本位主義。而是應該「超越自己」，解決問題。

雖然序章中曾提到這時代奉行「扭曲的個人主義」，但像豐田這種日本代表性企業，卻因應近年來的趨勢，在更新的行為方針第一行中，就提到了**「為了某人」的觀念。**

若你讀到了這裡，應該就能更深刻了解這個意思，並深深受到打動吧。

※關於「TOYOTA WAY 2020」，可以在官網的看到更詳細的內容。https://global.toyota/jp/company/vision-and-philosophy/toyotaway_code-of-conduct/

商務技巧的關鍵為何？

在研習和演講時，我曾問過聽講者：「若要你舉出『一個』最重要的商務技能，你會說什麼？」

請各位也試著想想，若你被問到這問題，會怎麼回答。

過去出現的答案中，常常出現的能力為「邏輯思考」、「溝通能力」、「讀解能力（包含聽力）」這三項。

我希望大家也能試著想想自己的答案，所以在這裡，我想先另外聊聊一個有名的豐田企業文化。

豐田是一間非常討厭浪費出了名的公司。

且在研習上，也能感受到豐田為了省去浪費，而「絞盡腦汁透徹思考」的企業文化。既然要花寶貴的時間及金錢提供教育機會，對於「到底該教員工什麼樣國際標準工作方式」、「該如何從眾多的商務技巧中篩選」、「說到底，工作和商務到底是什麼」等等，勢必都經過相當縝密的討論。

在這樣透徹思考後精選出最重要的商務技能中，除了「批判性思考」、「商務報告」外，更重要的其實是**「解決問題能力」**。

其實更精確來說，「解決問題能力」也包含了其他技能。但正因為這是經過透徹思考後做出的結論，所以才會選擇、決斷、決定投注如此龐大的時間及資源，以讓大家理解「豐田的工作方法＝實踐解決問題」這個定義。

實際上，不只在新人研習時會學習TBP的八個步驟，在進公司第三年時也會學習。而隨著年資往上，也會有反覆學習、實踐的機會。

只要持續在工作，就必須不斷磨練關鍵的商務技巧，也就是「解決問題的能力」。

若不會游泳，溺水也是必然

那大家的公司又是怎麼做的呢？

有關於「解決問題能力」的研習機會嗎？

若沒有這些機會，你自己又有去學習嗎？

當我開始在社會人士教育界工作後，我發現一件很令我驚訝的事。

我和各個業界的商務人士聊過後，發現有很多人從未學習過如何「解決問題」，又或是對問題的的敏銳度很低，所以從未想過要學習解決問題的能力。

另一方面，讀到這裡的各位應該已經發現。

在沒有學習過如何解決問題的狀態下工作，就像還沒學習如何游泳，卻漂流在大海上一樣。

為了不要溺水，也只能時而漂浮，時而緊抓游泳圈。但在這樣的狀態下，終究無法發揮好的表現。

最致命的地方就在於，這麼做不是靠自己的力量，而是必須依靠某人。

我們不應該如此，而是應該靠著自己的力量游下去。

不應該依靠組織或著他人，而是應該透過主動幫助組織及他人，來搭上升職或加薪的浪潮。

而要達到這個目標，一生受用的基礎游泳方法，就是TBP的八個步驟。

Essence of Episode 1

- 工作就是解決問題。且本質不是為了自己，而是為了「他人」解決問題。我們必須鍛鍊「透徹思考能力」，以提升解決問題能力。
- 解決問題能力是成就工作能力的關鍵。但過去自己是否有認真鍛鍊自己的解決問題能力呢。
- 若過去一直未重視這個問題，那就以實踐本書內容為契機，脫離現狀吧。

第 2 章

故事2：「解決問題」

從「教人，被教」轉換成「自己學習、教人」的時代

我當時上的解決問題研習，由兩個人負責擔任講師。第一個人，是日本最大MBA攻讀商學院——GLOBIS的老師。然後再換成一個年資多我約莫一輪的前輩。

豐田有一套**「教人，被教」**的企業文化。在豐田，員工之間互相教導並不是浪費時間，而被定位成一項重要的工作。

正因如此，豐田並未將一切課程委託給在社會人士教育領域非常專業的GLOBIS，而是加以設計，提升員工本身教人的能力。

順帶一提，在幾年後我剛好有機會在美國豐田工作，並發現當地一項叫做「T3」的工作。

這其實是「Train The Trainer」的縮寫，意思是「培養訓練員的機會」。也就是說也有「教人，被教」的外國版本。

除了地理、空間的延伸之外，我也想補充與時間相關的觀點。

「教人，被教」文化這種說法，總讓人有種「經驗豐富的前輩員工，將知識和技能傳承給肩負下一個世代的年輕員工」，論資排輩的意味，特別是在日本。

另一方面，在這個變化劇烈的時代，「年資較高＝了解工作的一切」的解讀並不一定成立。無論年資、職稱、部門與公司，我們都必須終生持續學習。

由於這樣的時代變化，現在的豐田已將人才培育的方針轉換為**「自己學習、教人」**。

而無論是從豐田模式還是人才培育的方針來看，豐田都是一個不執著於一個概念，會根據需求持續設想改善的公司。

換言之，就是一種非常**「動態＝活潑」**的工作觀。

這也是其中一個我在豐田中學習到的重要核心之一。

而接下來也會數度出現與之相反的**「靜態＝靜止」**工作觀的對比。因此從現在開始，請先開始熟悉這個相對概念。

最重要的是，重視「教導的能力」的態度本身從未改變。所以未來在發展員工主動教導能力的機會，應該也會繼續留存下去。

※關於「教人，被教」進化成「自己學習、教人」的過程，請參考下列公開文章。https://globis.jp/article/56485

豐田和麥肯錫獨有

研習第一天，GLOBIS的老師以接下來這段話開啟了課程。

「除了豐田以外，大概也只有麥肯錫會有如此充實的解決問題方法研習了吧。能擁有如此寶貴的學習機會，你們可說是全日本最幸運的新進員工。希望大家不要白白浪費這些資源，一定要認真學習。」

直到現在，我還是覺得這段話非常有道理。

其實正如前一章中所說，許多商務人士根本沒有學過該如何「解決問題」。由於企業方對問題的敏感度太薄弱，往往都沒有準備這樣的教育機會。

反觀豐田定義了「問題解決＝工作」，並以八個步驟來系統化。

雖然早在二十多年前TBP就已明文化了，但若追溯到TBP受到標準化，成為一套形式系統之前，其實TBP是早在昭和時期就已經開始實踐的不成文規定。

關於ＴＢＰ，在這個章節將會說明到ＳＴＥＰ５為止的步驟。

若用著名的「ＰＤＣＡ循環」架構來說明，前五個步驟都屬於「ＰＬＡＮ＝計劃＝透徹思考階段」。

從本章開始內容會有點長，但請將焦點放在**「透徹思考能力」與ＴＢＰ究竟有什麼關係**，來閱讀以下章節。

「ＰＤＣＡ」與「ＴＢＰ」息息相關

首先我想再次寫出八個步驟。並補上這些步驟與「ＰＤＣＡ循環之間的對照關係」。

・STEP1：明確定義問題
・STEP2：分析、分解問題
・STEP3：設定改善目標
・STEP4：分析真因
・STEP5：擬定對策
・STEP6：執行對策至結束
・STEP7：審慎檢視結果與過程
・STEP8：將順利執行的過程標準化

↑用PLAN對應（STEP1～5）
↑以DO對應（STEP6）
↑以CHECK對應（STEP7）
↑以ACTION對應（STEP8）

關於標準解決問題方式的說明，其實已經有許多如《問題解決——あらゆる課題を突破するビジネスパーソン必須の仕事術》（高田貴久、岩澤智之／英治出版）等相當優秀的參考文獻了。

本書將盡可能解說相關書籍中所沒有的觀點。

比起縝密的邏輯和嚴謹程度，本書更重視「該怎麼做更容易理解？」「該怎麼做能幫上更多人的忙？」並在儘可能不影響深度的狀況下，用淺顯易懂及好記的方式說明。

也許某些地方會寫得比較簡單，但這麼做是為了讓大多數的讀者更容易上手。

另外為了「某個目的」，我將於第七章以後再做更詳細的解說。因此就算在本章中有無法意會過來的地方，也不用因此停下腳步，請先繼續讀到後面的部分。

STEP 1▼明確定義問題

首先，應該從找到、弄清問題開始。

許多類似的書籍中也寫到了這件事，但問題其實有分為「發生型」和「設定型」。「發生型」的解決問題，就是問題早已發生，不需要我們主動去發現問題。也就是說問題已經非常明顯的案例。

但本書想將重點放在另一種**「設定型」的解決問題方式**。原因在於「就算知道弄清問題很重要，但我根本不知道哪裡有問題……」「問題發生時再解決就好，說真的我不知道如何自己找出問題」等。

我希望容易出現這種想法的人，能參考看看這種解決問題方式。

「解決」問題前，要先「發現」問題。

關於這點，在解讀《トヨタの問題解決》（株ＯＪＴソリューションズ／

KADOKAWA）等參考文獻後，我想引用研發出豐田生產方式的大野耐一所說的話。

沒有什麼事，比沒煩惱的人更令人煩惱。

意思是不要成為「沒煩惱的人＝無法發覺問題的人」。這也是一句說明「設定型」解決問題能力之重要性的金句。

且在豐田，許多人以片假名**「カイゼン（設想改善）」**來書寫改善這兩個字，而不會直接寫「改善」，因此我在書寫時也儘可能選用カイゼン，以表尊重。

以片假名書寫的原因有許多說法，對我來說最合理的說明如下。

▼「改善」是被動優化「已發生的問題」。

▼「設想改善」是「自己設定問題」並主動優化。

就算乍看之下沒有發現「問題＝不好的地方」，仍主動找出問題並改善。片假名的設想改善包含了「設定型」解決問題的含義。

而各位發現問題的主動程度又有多高呢？又或是傾向於等問題發生時，才被動地處理呢？請先試著好好正視這個問題，然後再前進到下一個項目。

定義「問題是什麼？」

經過上述說明，我想各位已經明白主動找出問題並設想改善的意義何在了。但在實踐時，最大的問題其實在於「該如何找出問題？」

TBP的STEP1中將問題定義如下。

問題＝「應有的狀態」和「現狀」的「差距」。

請試著思考各位所負責業務的「應有的狀態＝理想的狀態」應該為何。接著想想「現狀」，然後試著與「應有的狀態」比較。

若其中有「差距、偏差」，那就是我們應該努力解決的「問題」。

然而應該也有許多人會感到困擾，「突然之間我也不知道應有的狀態為何……」

此時，請試著**「站在高出自己兩個階級的職位的角度來思考」**。

例如若自己是負責人，就試著以比組長再上一階的「課長」角度思考。
又或是現在若是課長，就用再上兩階的「部長」角度去思考看看理想狀態為何。
事實上，「用比自己高兩個階級職位的角度來思考」也是豐田常掛在嘴邊的一句話，像我的第一個課長就常常說這句話。

「應有的狀態」就是「本該有的狀態」

以上是教科書上的說明。
後來在自己實踐TBP的過程中，我在許多經驗發現「應有的狀態」其實不過就是**「本該有的狀態」**。

聽到「應有的狀態」，可能會讓人有種遠大理想，並開始思考未來的目標。但其實若只去看那些高遠的目標，可能會難以意會STEP1的意思。

我自己在一開始進豐田時，很強烈感受到這種感覺，也遇到許多和我有相同感想的商務人士。正因如此，我才想刻意想強調這點。

特別在實踐初期階段，應重視的「並非高標，而是低標」。

應該先將眼前的狀況設想改善到最好狀態。

這麼做之後，應該就更能體會STEP1的意思了。

假設有一個職場對精算經費很隨便好了。

這個職場應有的狀態，是「每個月都確實精算經費」。這並非什麼高尚的理想，而是「本該做到的事」。

雖說如此，但其實員工人數很多的職場，及常常轉換負責業務的組織、有許多長久習慣的公司，都無法達成這些「理所應當的狀態」。

「本該有的狀態」被分類為「設定型」的原因

這麼寫，也許有些人會認為：「精算經費太隨便這種事，不是屬於發生型問題嗎？」但其實分類為設定型要來得實際的多。

原因在於當長年處於過於隨便處理的狀態後，就會認為「反正就是這樣啦」並停止思考，也不會將這狀態視為問題了。

正因如此，分析差距，先找出到底「本該有的狀態」為何，更有助於我們發現自己的偏見及盲點。

但另一方面，說到解決問題，現在的主流是應先從企業理念、長期願景等更遠大的視野來定義「本該有的狀態」。

從理想開始切入的思考方式固然重要，這我並不否認。也認為先以局部、短期的角度來設定「應有的狀態」，進而拓展、拉長時間線的方式有其存在意義。

但若希望用更實際的方法擁有「透徹思考的能力」，至少在實踐的初期，不應只專注於大方向，也應該看看眼前狀況。

我認為**「應有的狀態＝達到本該有的狀態」，提升解決問題經驗值的時期也很重要。**

無論如何，STEP1的差距分析是一個非常單純的架構。

若被問到「你工作上的問題在哪？」會讓你感到很困擾的話，請務必試著思考「應有的狀態」、「現狀」，與「差距」這三個關鍵字。

STEP2▼分析、分解問題

當在STEP1中定義了問題所在，就可以開始思考方法和解決方式了嗎？

很遺憾，這個狀態還未到「透徹思考」的境界。

擬定對策是STEP5階段的事，所以還有很多可以讓我們徹底思考的地方。

在這個步驟中，希望我們思考的似乎是**將問題更細分化＝分解、具體化。**

假設應該有的狀態是「讓自己所屬小組的十個成員，每月平均加班時間在十個小時以內」好了。

若現狀是「每月平均加班時間＝三十小時」，那應該處理的問題就是其中的差距，也就是要「減少二十小時加班時間」。

也許有人會認為「做到這個地步已經夠了吧」、「快點想想方法，並趕快實行比較好吧」。但我希望大家明白，正是因為不加以思考，就這樣直接向主管報聯商（報告、聯絡、商量）的習慣，才會被罵：「你的想法太淺了！」

那我們接下來該如何分解、具體化才好呢？

在這個步驟，我也很重視淺顯易懂的程度，所以我將介紹三個平時覺得很有用的分解方法。

例如若「要減少二十小時的加班量」，但難道這十個人平時的加班量都一樣嗎？

實際調查後發現，這十人當中，特別常加班的人只有三個。

若其他的成員幾乎不加班，就可以將問題具體化，「減少加班特別多的三人的工時」。

這是**「以人為主軸」**的分解方式。

另一方面，若從「月初、月中、月底」中，哪個時間的加班時數最多的觀點切入，就是從**「時間軸」**分解。

又或是從「小組主要工作的流程中，在哪個部分負擔最大」的角度來看，就是從**「流程＝場所＝空間軸」**切入。

就像這樣，先試著從**「時間、空間、人」三個主軸分解**。此時，「問題點」至少會比STEP 1時變得更加具體。

這三個主軸不僅是很好記的切入點，在各個主題上也都是相當有力、有用的篩選機制。未來請務必好好使用。

問題在於是「問題」還是「問題點」

我個人認為STEP 1和STEP 2的差別，在於「問題和問題『點』的差異」。

若用語言呈現「問題」和「問題點」之間的差異，可以用以下三個重點來說明。

第一點，是將問題用某種篩選機制過濾後，讓問題變得具體化、局部化、部分化。這就如前面的說明。

第二點，是為了不讓後續的步驟過於雜亂，更好處理。這點將在STEP3之後詳細說明。

最後第三點，就是向相關人士說明問題時，能得到共識，讓他們認為「問題確實出在這裡」。

為顧及實用性，本書只列舉出了三點，但其實有很多拆解的切入點。至於該將什麼設為問題點，則不像學校考試一樣，只有一個正確答案。

在相關書籍中，其實針對該如何判斷要拿什麼當問題點較合適，以及其基準皆有諸多記載。

但其中也包括有針對顧問公司的人的作品，屬於較困難，具知識性的作法。我曾聽人說難度較高，不是所有人都能活用。

因此就如第一章的故事一中所介紹，重視「知行合一＝有做出行動的知識」的本書，希望能盡可能以更簡單的方式思考。

只要是工作，就有可能需要向自己以外的人（往往是主管）說明。

而我選擇以**「他人的理解、贊同、認可」**，來作為評斷問題點的標準。

也就是說主管以及周圍的人，是否會感到「認同」、「同意」，並願意一起解決問題。過去也曾有許多案例，是透過導入這項標準，而突破了STEP2中所出現的停滯。

正如前一章節所介紹的「豐田模式二〇二〇」開頭所說，當迷惘時，應該回顧工作的核心，也就是「為了『某人』」。

而對於過度學習正統的問題解決方法，並因為只有自己懂得拆解方式，而孤軍奮戰、孤立無援的人，希望這第三項判斷基準能成為你們的契機。

STEP3▼設定改善目標

當找出問題「點」，就應該訂定「該如何解決」的目標。

這個步驟是否能順利，最大的重點其實在於上一階段的STEP2。也就是說在拆解的階段時，把問題拆解得越具體，STEP3中所建立的目標自然會更明確。

另一方面，若突然從STEP1跳到STEP3，往往會過於抽象，目標也容易太過模糊。

雖說如此，就算只做這個步驟，若運用George T. Doran所提倡後普及化的

「SMART」經濟架構，也不見得無法具體化。

1 Specific：目標是否是「具體的」？
2 Measurable：目標是否能「估算完成度」？
3 Assignable：為達成目標「組織是否有足夠的人」？
4 Realistic：目標是否「可實現」？
5 Time-related：目標是否「期限明確」？

然而比起用這些技巧具體化，用前面的STEP確實拆解，目標將自然變得更具體。跟著這個步調，才是STEP 3「應有的狀態」。

STEP 4 ▼ 真因分析

當定好目標，就可以擬定對策並實行……其實還不行。

為了避免在工作時被說「你的想法太膚淺了！」現在還不能跳到解決方法的環節。

接下來就讓我們一起來思考發生問題的原因吧。

所謂的真因，就是在不斷挖掘「原因的原因的原因……」後，最終等著我們的「根本的原因」。由於在英文中，帶有原因的「根源＝源頭」之意，所以翻譯為「Root Cause」。

這裡再引用一句《追求超脫規模的經營：大野耐一談豐田生產方式（トヨタ生產方

式——脱規模の経営をめざして）》（大野耐一／ダイヤモンド社）中，一句在豐田扎根已久，相當有名的話。

雖然在製造現場，我也很重視「數據」，但我最重視的其實是「事實」。當問題發生，若找出原因的方式不夠全面，連對策也會有偏差。此時應該要反覆詢問五次「為什麼？」這就是豐田特有科學態度的基本流程。

這段引用文，就是豐田知名用語之一的**「反覆詢問為何五次」**和**「五個為什麼分析」**原出處文章的部分內容。

而這次特別想聚焦的，是「連對策也會有偏差」的部分，這部分與STEP2和STEP3中應注意的重點相同。

也就是說，**若在前面的階段想法過於短淺，後續所有的STEP都會出現偏差。**

假設現在有一個「離職率很高的職場」。

檢討原因時，列舉出了「更高層的職位已經有人了」、「加薪幅度比想像中小」、「評價制度不夠透明」、「已經有了孩子，卻頻繁被更換部署」等諸多原因。

雖然就此找尋根本的原因並非不可能，但請試著改以接下來的方式重新思考看看。

那就是也許並不是「離職率高」，而是「年近三十歲的男性員工離職率高」，試著將問題點具體化。

如此一來從一開始就可以列舉出可能的原因，也有機會事先預防，避免最後搞得亂七八糟，變成難以收拾的局面。

在實行ＳＴＥＰ４時，也會發現因果關係亂七八糟的案例其實不少見。

此時，若一直堅持聚焦在同一個ＳＴＥＰ上，則會發現如走進死胡同一樣動彈不得。

這種時候，突破停滯的關鍵，就是前一階段的ＳＴＥＰ２。

正因為問題不夠具體化，才會跑出一個又一個的原因。而這些都是有助於實踐，非常重要的知識。請大家務必趁這個機會記起來。

「五個為什麼分析」卡關原因「是什麼」？

不知為何，許多人會認為「反覆詢問為何五次」和「五個為什麼分析」在執行上比STEP2來得更容易上手。且認為比起展現能力，五個為什麼更是展現智慧的方式。我也曾幾度在一起工作時因此感到困擾。

詳細內容我將於第九章寫到「五個為什麼信仰的悲劇」。越是自詡為「動腦派」的人，越容易在這個過程中變得死腦筋，導致工作停滯。

若你過去也曾因執著於「反覆詢問為何五次」，讓周圍陷入混亂與停滯之中……那將接下來這句話當作指標，可說是很棒的處方。

比起反覆詢問五次「為什麼」，不如反覆詢問五次「問題點是什麼？」。

若未來在STEP4卡關，最好先回到STEP2。

在STEP2調整好狀態後，再回到STEP4，用「將問題縮限為問題點」時相同的方式**不斷挖掘，「從原因中找到根本原因」**吧。

如此一來，就能避免混亂，增加找出真因的機率。

STEP 5▼擬定對策

找出根本因後，終於要進入「接下來該怎麼做呢？」的階段了。

此時思考方式基本上和前面的STEP都一樣。

首先，應該儘可能列舉出許多「對策『方案』」。

然後和找出問題點時一樣，從各種切入點，找出適當的「對策」吧。

要從對策方案找到對策。

其中的判斷基準，我自己常常使用以下的切入方式。

這次也考慮到實用性，只精選了三點。

- ▼**貢獻度：哪一個對策「實施後會造成的影響」較大？**
- ▼**難度：哪一個對策「相對容易導入」？**
- ▼**即時度：哪一個對策若不「現在立即導入」效果會降低？**

由於還有許多各式各樣的篩選機制，請以這三點為基礎，找出自己較好判斷的標準，並循序漸進增加。

這是一本以該怎麼做，才不會再被罵「太天真、太淺薄、太膚淺」為題的書。看到STEP5，你應該也很明白思考會變得淺薄的原因了吧？

過去之所以無法習慣深入思考，原因在於**「我們總想達到一步到位的思考」**。

但我們不應如此，而是至少該事先實踐四個STEP之後，再進入「該怎麼做」的擬定對策階段。

當擁有這個思考迴路後，「透徹思考能力」確實會大幅躍進。

若有機會透過本章，讓你親身體驗這種感受，我深感榮幸。

統整前面的步驟

關於ＳＴＥＰ６之後的三個過程，必須加上本書後面部分的解說比較容易理解，因此這裡就先結束說明。

讀到這裡，你有什麼感想呢？

也許對許多人來說有些超出負荷。

事實上，當初參加研習的我也是這樣的感受。說到底，我的腦容量與他人無異。所以別說是八個步驟了，光要記好、運用五個步驟就讓我感到非常吃力了。

但總不能就這樣兩手一攤，停止思考。

這是一個我至今仍持續執行的習慣。**當必須記住的事情變多，我就會儘量先減少數量後再記起來。**

具體來說，就是先提出問題：「每個STEP的共通點為何？」，然後再自己重新統整成較少的數量。

就像你可以試著思考看看，到目前為止五個STEP的共通點為何？

我試著改寫如下，給大家當作提示。

……

▼**檢討各式各樣的「問題」，並找出「問題點」。**

……

▼檢討各式各樣的「原因」，並找出「根本原因」。
▼檢討各式各樣的「對策方案」，並找出實施的「對策」。

這次重要的，其實是「沒有」括弧的部分。

而「檢討」、「各式各樣」、「找出」這三個元素則是重複、相同的地方。

我記得那是研習的第三天。當GLOBIS的老師說明完TBP後，我在問卷上寫下了以下感想。

我覺得解決問題的本質就是「反覆的『擴張』與『縮限』」！

無論是問題、原因，還是對策，首先都要從沒有重複的狀況下，儘可能網羅所有的可能性和選擇開始。

這就是**「擴張」**的過程。

接下來再動腦從中選出一個方向。這種思考過程則為**「縮限」**。

因此大致上來看，這兩種思考方式可以構成**「TBP＝解決問題能力＝透徹思考能力」的架構。**

只要有事先統整，只需記這麼一行，便能靠自己重現各個STEP。

當我將這種統整方式以口頭方式告訴講師時，也得到了他「做得好！」的好評。

後來我們也再聊了好多。我始終無法忘懷當時對那些知識的興奮與感動，所以在辭去豐田的工作後並沒有立刻創業，而是轉職到GLOBIS。

加入GLOBIS後，當初與講師重逢時的感動，至今仍是讓我感慨萬千的回憶。

此外，我之所以至今寫書會曾多次參考GLOBIS發表的公開文章，是因為GLOBIS的網路媒體「GLOBIS知見錄（http://globis.jp/）」的營運，是我轉職去GLOBIS後所負責的業務。

「知見錄」中除了豐田之外，也公開了許多對商務知識本質性的見解。請務必點進去看看。

整理以上，雖然寫了很多內容，但我希望大家在這章能了解到的總結如下面一行。

工作就是透過反覆的「擴張」與「縮限」，進而解決問題。

這個總結對於想養成本書主題——「透徹思考的能力」，是如憲法一般的文字。希望接下來每當這個描述出現時，都能再次加深大家的了解。

Essence of Episode 2

✓ 解決問題有八個STEP。常常被旁人說「就是因為臨時才開始想對策」所以「思考才會那麼淺薄」。

✓ 正因為在前一個STEP和更之前的STEP中有「透徹思考」，後面的STEP才更容易執行。

✓ 「透徹思考」就是反覆「擴張」與「縮限」的過程。

第 3 章

故事3：「一張紙」

豐田的解決問題方式，是統整為「一張紙」

TBP的八個STEP研習講師換成前輩員工後，改採用具體案例分析的方式教學。其中特別的是，講師要求我們在最後統整案例的時候，要用A3大小的「一張紙」整理並提交。

至於具體的呈現，我將在下一頁引用拙作《0秒說明！遠距工作！立即見效的「紙一張」簡報術（説明0秒！一発OK！驚異の「紙1枚！」プレゼン）》（日本実業出版社）中所放的圖示。

圖示的下半部就是以解決問題為題的A3資料。

題目從左上依序為**「將問題明確化」、「掌握現狀」、「設定目標」、「真因分析」、「擬定**

豐田的「一張紙」資料範例

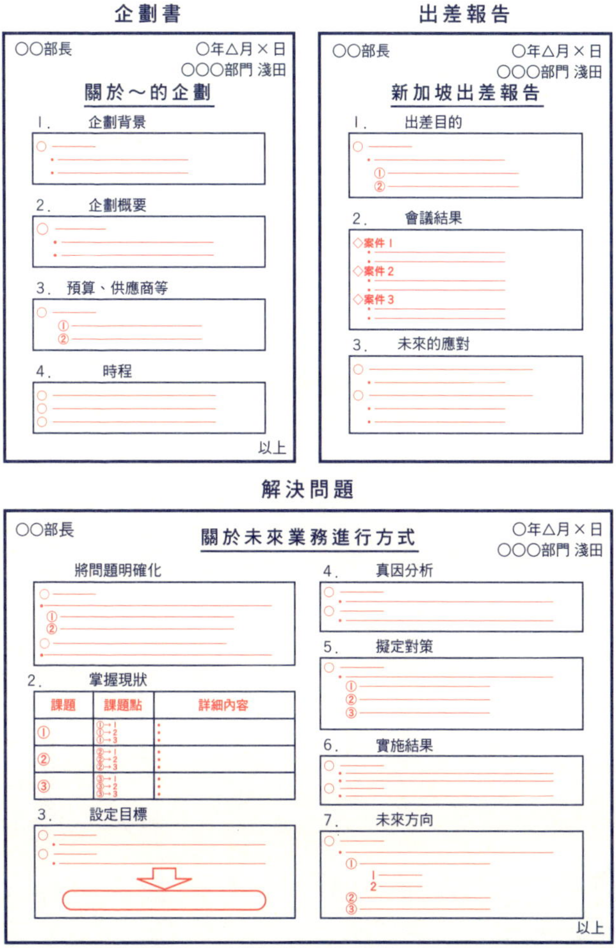
企劃書
○○部長
○年△月×日
○○○部門 淺田
關於～的企劃
1. 企劃背景
2. 企劃概要
3. 預算、供應商等
4. 時程
以上
出差報告
○○部長
○年△月×日
○○○部門 淺田
新加坡出差報告
1. 出差目的
2. 會議結果
◇案件1
◇案件2
◇案件3
3. 未來的應對
解決問題
○○部長
關於未來業務進行方式
○年△月×日
○○○部門 淺田
將問題明確化
2. 掌握現狀
課題
課題點
詳細內容
3. 設定目標
4. 真因分析
5. 擬定對策
6. 實施結果
7. 未來方向
以上

對策」、「實施結果」、「未來方向」。

由於是做成資料，所以有儘量以重點呈現。這份資料將「STEP6：實行」之外的七個STEP，全寫成了一張商務書面資料

然而實際上，除了這些項目之外，如「背景」等元素也可能出現在「將問題明確化」前面，又或是寫著「未來方向」的第七項目也可能被刪除，或與前面的「實施結果」合為一個項目。

由於實際製作時仍會有許多變化，因此這個例子並非固定不變的模版。

關於以解決問題為目的的A3資料，也有名為《用豐田式A3法推動工作改革（トヨタ式A3プロセスで仕事改革，暫譯）》（John Shook著／成澤俊子譯／日刊工業新聞社）的參考文獻。想更深入學習的人，可以搭配我的拙作閱讀，加深了解。

「一張紙」與「可視化」的關係

雖然現在做著這樣的工作，但老實說當時的我雖然受到感動：「原來這就是有名的『豐田的A3』啊！」卻也同時覺得「我在學生時期一次也沒看過A3大小的資料，而且這很難做，大概只有研習中報告時會用到吧。」

但經過研習，實際在分發到的部門工作後，一改了我的想法。

平時的資料確實多半為前頁上圖的A4大小，也幾乎沒有人完全套用研習中學到的TBP八STEP。

不過針對資訊量比較大的主題，確實會製作A3尺寸的資料，而非A4。

例如部門年度方針，整理成能一覽每個小組方針的A3資料。
或是記載了小組成員兩個月日程的工作排程。
又或是整理部門預算支出狀況的每月管理表等等。
其他如與各個部門相關的大型計畫企劃等等，也常常會以A3紙製作。
無論是什麼大小的紙張，或是什麼規模的工作，共通點都在於會用「一張紙」實現可視化。
並非以口頭，而是「讓你看藉此傳達」。這種用視覺溝通的風格，確實是在豐田扎根已久的文化。
在豐田，有一個和「設想改善」一樣知名的用語「可視化」。
對上班族來說的「可視化」，就是天天製作「一張紙」的資料作為圖像輔助，用視覺化的方式溝通。

「只聽得懂日文」的世界

接下來，我要開始將重點轉移到分配部門後的故事了，

由於我被分發到東京總公司，故事0中提到的4.5帖大小的宿舍生活也迎向尾聲（肺炎也治好了）。但不知為何明明辦公室在飯田橋，宿舍卻在立川，所以這次我迎來的是在擁擠電車中的通勤生活。

剛被分配到部門後的起初，我先是和主管一起參加會議，但卻突然面臨了令人懊惱的狀況。

那就是無論參加什麼會議，我都只聽得懂日文，卻完全無法理解大家在說的內容。

當時我真的很焦急，每天通勤時都煩惱著：「那些研習的日子到底算什麼呢」。

各位剛被分發到部門時，又是什麼狀況呢？

若你和當初的我一樣，那又是怎麼跨越最初那道高牆的呢？

我個人是多虧豐田「一張紙」文化，以及故事2中所介紹的「自己學習、教人」文化的主管，才得以脫離那樣的狀況。

有一次，主管突然叫我：「整理出今天開會的會議紀錄」。雖然我充滿朝氣地回了：「是，我知道了！」但內心卻充不知所措。

看到了這樣的我，主管建議我：「先試著把每次的會議資料都讀好幾遍」、「若這樣還是不懂，電腦資料夾中有過去的會議資料和會議紀錄，一邊參考一邊寫吧。」

我立刻看了小組的共享資料夾後，發現確實有許多資料。

而且打開之後發現除了會議紀錄之外，多半的資料都整理成了「一張紙」的形式。

因此我決定將與我工作相關的資料全部印出來，全部仔細閱讀，並決定仿照著這些資料寫會議紀錄。

當然，大多數的資料我還是看不懂。但在一口氣看遍這些資料後，我開始發現一些「每次都會出現的詞彙」和「反覆出現的說法」了。

▼「**這麼說來，這個詞彙在會議中也曾出現過**」。
▼「**雖然還不知道意思，但應該是這份工作的關鍵字吧**」。
▼「**原來啊，那段話原來是以這份資料的內容為前提說的**」。

在這樣累積這些作業後，雖然花了許多時間，但最後我還是完成了會議紀錄。

雖然只是照著資料來依樣畫葫蘆，最後還是只理解三成的內容，但也算是向前邁進了一步。

是「知識」還是「思考方式」？

我們先回到本書的主題「透徹思考能力」，希望大家可以學到一個重點。

無法透徹思考，問題並不在於「思考的方式」，而是在於腦中沒有「思考的素材」。

說到底，TBP其實是一種架構、形式。

而對當時的我來說，比起思考如何運用「形式＝思考方式」處理工作前，更大的問題是我用來思考的目標，也就是工作知識明顯不足。

我在社會人士教育領域工作後，才更深切感受到：「學習和成長的最大難關，在於是否能踏出第一步」。

若沒有材料，絕對無法做菜

而當時的我，究竟發生了什麼問題呢。其實問題並非出自於TBP的思考方式，而單純是用來思考的**「知識＝材料壓倒性的不足」**。

也就是說，無法整理想法、思考太淺薄的問題並非出自於思考方式，而是出自於思考材料的不足。大家對這件事是否有共鳴呢？

我們因「無法整理想法」、「思考太淺薄」而感到煩惱時，其實原因很少出自於思考能力不足。

比起思考能力不足，單純的「材料不足」其實才是最根本的原因。往往只要增加所需的資訊和知識，就能輕鬆解決這個問題。

若以做菜來舉例的話，就是並非是不懂咖哩的做法（TBP的思考方式）才做不出咖哩，而是因為咖哩的材料（業務知識）不足。

這樣解讀的話，處方籤也會變得更明確。

若有不足，只要去尋找、去調查、去問就好。總之盡可能去蒐集資料就是了。

也就是說這已經非「思考量」，而是「行動量」的問題了。

在已經從說著「我不知道」的時代，默默轉換為「做就對了」的時代了。

就像我透過廣泛閱讀過去的資料，成功突破停滯一樣，若各位也在工作上卡關，請務必想起這則故事。

且希望大家能設定一個「我真的有盡全力搜集材料了嗎」的自問自答機制，想辦法去改善現狀。

老實說，其實我覺得在寫成文章後，許多人看了都會有種「原來是這麼一回事啊」的感覺……

而每次在社會人士教育現場提到，許多聽講者都會給予「真是令人恍然大悟」、「聽了這番話後，讓我恢復工作狀態了」、「真的是很實用的建議」等充滿感謝的評論。

也就是說**梳理一下頭重腳輕的思考本位狀態，更著重於行動的態度非常重要**。希望這個知識，能讓大家受到打動。

大師的教誨

而因為製作「一張紙」資料的機會，讓我得以客觀檢視自己「業務知識不足」、「是思考不足、行動不足，還是哪裡出了問題」。

多虧「一張紙」，在「自己學習、教人」的過程中，至少可以實踐了「自己學習」的部分。

在這個章節也將以培養人才的觀點，來看「一張紙」文化的本質。

雖然後來我成功製作了會議紀錄，但是這其實只是從零到一的階段，理解程度不過只有三成而已。

即使如此，這個「草稿」，也成了讓曾停滯的工作開始轉動的契機。主管看了這「草稿」資料後，說：「原來這裡你還不懂啊」，又仔細為我說明了一遍。又或是用紅筆寫下「這裡用這個詞彙比較容易理解」、「用這種說法會讓整句話的意思改變，所以選擇別的說法吧」、「這個部分別的部門的人看了會誤會，刪掉吧」等等建議的內容。

彷彿在變魔術般，幫我一個個的修改了。

他的紅筆訂正非常巧妙，我也非常感謝。但他會這麼做也是當然的。主管過去曾在研習上擔任講師角色，也是一位經歷過「自己學習、教人」文化的豐田人。實際上多年來，有許多同事都跟我說：「真羨慕你的主管是他。你真的運氣很好耶」。被紅筆批改的結果，我開始一點一點且確實地加深了對工作的認識，也慢慢能了解會議中的內容了。

但若說主管是善於培養人才，像是大師一般的角色，那紅筆所修正的對象，也就是

「草稿」也不可或缺。

我從剛才就一直刻意加上括弧寫成**「草稿」**，因為我認為這也是一個很有豐田風格的詞彙。

實際在公司中，也常會聽到「先試著準備草稿」、「在下次開會前，先想好草稿」、「總之先從打草稿開始吧」等話語。特別是在開始著手某件工作時，更是常出現這句話。

各位在工作時，是否有準備草稿的習慣呢？

與其想破頭，不如下功夫在準備資料上

從提升「透徹思考能力」的觀點來說，正因為有草稿，能讓自己先檢視一遍，**比我們**

光在腦中想東想西，能更有效率地加深我們的想法。

再加上當自己一個人想破頭，卻仍不順利時，若有「草稿」能提供給對方看，還能**借助周圍的透徹思考能力。**

再說得更白話一點，就是可以改變方式，試著「盡可能不要只用口頭溝通」。

例如剛才和主管商量的例子。若當初只用口頭商量，結果會如何呢？

由於沒有資料，主管完全無從得知我到底有哪裡不懂。最後光確認哪裡不懂，就會花上許多時間。

又或是當沒資料時，主管就無法看出我到底用什麼詞彙，去表達什麼意思。

光透過對話，也就是要光靠耳朵去解讀所聽到的內容，並給予回饋，是相當難的事情。若是非常優秀的老師也許辦得到，但這無非是一種重現度低，又欠缺效率的培養人才方式。

在看過這些內容後，應該就能立刻理解到只靠口頭溝通，會花上多少倍的時間和能量了吧。

但由於本書的主題並非溝通和培育人才，因此在這邊並不打算過於深入探討。

讓商務溝通和人才培養更順暢。
「草稿」的效果，與「口頭」的低效率。

關於這點，只要大家都有共通認知就足夠了。

而在豐田，「一張紙」的資料就能達到這些功能。是否有這張紙，將大大左右溝通的時間效率，以及心理所承受的壓力。這就是我希望大家在本章節中抓到的精華。

大家平時在進行溝通時，是否有「讓對方看見」呢？或著，是否「雙手空空培養人才」呢？

若不事先準備資料，只會對下屬發脾氣可就不好了……

其實並不需要立刻學會將資訊整理為「一張紙」的程度，總之先養成工作時準備好資料，並隨身攜帶的習慣吧。

這麼做是為了讓自己能更「透徹思考」。

也是為了得到自己之外的人的協助，超越極限「透徹思考」。

若能讓大家了解「一張紙」的文化在個人、組織發揮「透徹思考能力」時，究竟扮演著什麼樣的功能，我會非常開心。

Essence of Episode

3

- 透過「一張紙」的資料，讓組織溝通及人才養成的過程「可視化」。
- 「可視化」也有助於培養「透徹思考能力」。
- 也可以透過「一張紙」傳達給主管等身邊的人，借助他人的「透徹思考能力」。

第 4 章

故事4：「制約」

只要有範本，一切就沒問題了嗎？

在前面章節所介紹的故事與精華，其實不過是豐田「一張紙」文化的一部分。因此在本章，請容我再次設定相同的問題。

豐田的「一張紙」文化培養了「透徹思考能力」後，能發揮什麼樣的功能呢？

假設你手邊有三張資料。

當主管要你重新整理成「一張紙」時，各位有辦法達成嗎？

方法就是……很可惜，我們並沒有速成魔杖。

也許有些人只要有範本及格式就辦得到，但其實那是因為他們是已經擁有「透徹思考能力」的商務人士。

至少這件事對當時的我來說很難，讓我因此花了許多時間。

最後我和許多豐田人，都會執行以下作業。

我們會針對資料和自己，不斷逼問：**「重點是？」「總結來說？」「所以你到底想說什麼？」**等問題。找出可以省去的部分並刪除，又或是確認是否能用共通的詞彙去整理資料，進而精簡化。

並在一步一腳印，反覆執行這些過程後，慢慢從三張紙簡化為兩張，最後進化成「一張紙」。

此時重要的並非最後是否能將內容控制在「一張紙」之內。

而在於我們在這整個過程中，深入思考資料中的措辭和各個項目、主題，以及自己負責工作的核心。這才是整個過程的精髓所在。

正因為有「一張紙」的限制，若一直維持膚淺的思考，根本無法製作資料。也因此無法與周遭的人溝通，最終使工作本身無法有進展。

現在再重新將這些內容寫出來後，又再度讓我感受到豐田以「一張紙」為始，培養「透徹思考能力」文化、機制的厲害，甚至幾乎讓我起了雞皮疙瘩。

由於常常有人誤解，所以我想趁這個機會寫清楚。「一張紙」並不是一種讓你「把這張填滿就好了」的思考模板工具。

這種對樣版格式深信不疑的態度，非但不會讓我們擁有「透徹思考的能力」，反而有促使我們「思考停滯」的風險。

若以第一章故事一中所引用的二宮尊德的話來形容，範本式思考就像學習時不想辦法讓冰融化成水，而想直接活用冰柱一般。

如此一來，就無法順利套用、運用在自己的工作上。

我們應該做的不是如此，而是應該刻意將一張紙當作一種能促進思考的「制約」，並盡情煩惱。當作一種「束縛」運用，讓大腦多活動。「透徹思考」這件事，才是一張紙的本質。

豐田製作資料的三個機制

前面我在「文化」後接了「機制」。這是因為除了抽象的文化之外，我確實也以具體的機制，找出了自己的見解。

我在二〇一五年完成的拙作《向豐田學習的「一張紙」整理術》（サンマーク出版）

「空白表格」和「題目」會促使我們整理想法

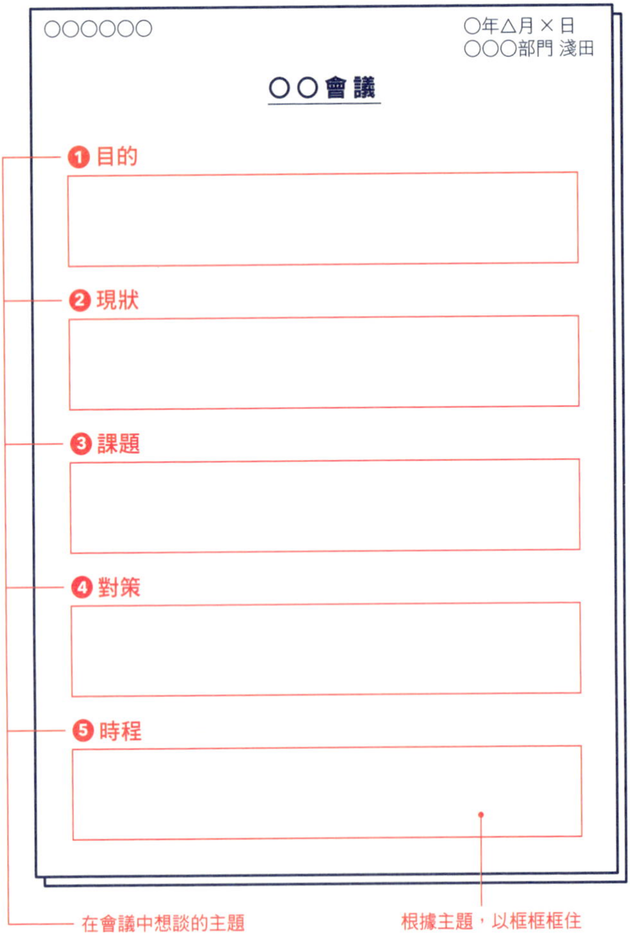

中也曾介紹過，我會像下一頁的圖示一般，以「一張紙」為基礎資料，去執行工作。

我之所以分享這張圖，並非想表達：「只要把這張表填好，工作就會很順利」。

當時我曾因受到這樣的誤解而感到困惑。但這其實不過是個例子，代表我能用這樣的方式，來處理我所負責的工作而已。

這個結構是我不斷思考後的結晶，各位也可以尋找對自己來說最適合的資料結構。

這麼做才是透過實踐，找出答案的「知行合一」。

那麼若要說我為何再度介紹這個例子，其實是因為我想讓大家知道許多資料都有共同的「主題」和「框框＝框架」。

豐田式資料的制約，並不是只有「一張紙」這點。

而是每個項目都必須記載「目的」、「現狀」、課題等**「主題」**，所以想必不能寫出超脫這些題目的內容。

另外，每個題目下都有著**「框框＝框架」**，因此在製作資料時，必須將內容控制在框框之內。

而許多豐田人都是在**「一張×框架×題目」**這三個制約之下製作資料，我也一直活用這個不成文的規定。

我之所以會寫「不成文的規定」，是因為至少在當時豐田公司內部，這些制約並沒有像現在這樣簡明易懂地被言語化、標準化。

這三項制約是我自己找出，並言語化的本質。這麼說也許有點像是自賣自誇，但七年前的拙作之所以獲得好評，其中的原因之一，應該就在於我把這些不成文的規定，轉化為簡單易懂的外顯知識吧。

「能應對」新冠疫情的人，和「無法應對」的人差距在哪？

但有一點我想補充。

「一張紙」其實並非不可撼動的鐵則。

真正不能脫去的本質並非「一張紙」，而是「制約」。

在二〇二〇年新冠疫情之後，遠距工作機會變多。我也開始聽到從「一張紙」轉換為「用Power Point分享畫面」的消息。

很遺憾，若使用Power Point，就不會是「一張紙」了。

但即使如此，只要有過用「一張×框架×題目」透徹思考的經驗，就非常有可能以最少的簡報張數製作資料。

也許會有人認為「這樣做真的可以嗎？」，但只要掌握「透徹思考」、「制約」的本質，依據實際狀況臨機應變也是理所當然。

應該說要更積極設想改善。

這對於思考較欠缺周全，認為「只要有範本、模版總會有辦法的」的人來說，會是較困難的部分。

現在是一個每年都可能發生緊急事件，變化相當劇烈的時代。**脫離容易被說「思考膚淺」的「冰」式思考，培養如「水」一般活動自如的「透徹思考能力」**吧。

順帶一提，由於本書並非以製作資料為題的書，所解下來不會再更深入探討如何製作資料。若對Power Point版資料有興趣，請參考我因應遠端工作時代寫下的拙作《令人驚訝的「一張紙」報告（驚異の「紙1枚！」プレゼン，暫譯）》。

「透徹思考」的養成框架

在此請容我先說明，接下來我寫到的內容，就連豐田公司內部也沒多少人執行。因此只要在自己能做得到的範圍內執行即可。

我個人除了「一張×框架×題目」之外，還另有**「資料盡可能以三個部分組成＝有三個主題」、「各題目內的重點也儘量控制在三個以內」、「一行一段文字，不寫超過兩行的文章」**這三項自己的規則，並將其定義為製作資料時「應有的樣貌」。

雖然剛才的圖裡有分為五個項目，但實際上許多案例其實都是以三個項目組成。

此外，我運用了在這個時期所培養的能力，而寫下了以下兩本拙作。

關於「三個部分組成」、「三個重點」等聚焦在「三」的內容，寫成了我的第三本書《被稱讚「你剛才的解釋很好懂耶！」的訣竅（「今の説明、わかりやすいね！」と言われるコツ，暫譯）》（サンマーク出版）。

至於「一行一段文字」，則反映在《20個字的精準文案：紙一張整理術再進化，三表格完成最強工作革命（すべての知識を「20字」でまとめる紙1枚！独学法）》（SBクリエイティブ）的「20個字」上。

由於這個章節的主題是「制約」，無論如何都會寫到和過去書籍的關係和定位，若當中提到你還未讀過的書，未來也可以讀讀看，加深知識。

以上總共介紹了六種「制約的力量」，但我並不打算強制大家全部執行。說真的，以過去的標準來說「有這些能力也是理所當然」。但由於時代一直在改變，近年大家都會採取較為溫和的說法。

提到時代，我想說一個有點久遠的故事。以前有年長的聽講者說過：「若真的施行這六個制約，那簡直跟『大聯盟養成框架』沒兩樣嘛」。（※為Z世代的讀者補充，〈大聯盟養成框架〉是漫畫《巨人之星》中，主角父親為提升主角棒球實力，而施加的強制矯正器具＝制約。）

當習慣這些制約後，在執行時絕不會像這個例子一樣困難。總之一開始只要先「準備好框架＝架構，試著做資料」就好，歡迎挑戰看看。

有做並不代表能言語化

我前面所寫的內容，都是我基於個人「經驗＝行動」的洞察所得到的「本質＝知識」，也就是知行合一的結晶。

就豐田而言，並沒有嚴格規定全公司都必須依據這些制約製作資料。

若要舉例，這些製作資料的規則，應該比較類似「請站在手扶梯左側」這種程度，屬於大家長期以來耳濡目染的習慣、文化、傳統。

對於這些不成文的規定，就算真的去問「為什麼東京搭手扶梯要站左側，大阪卻要站右側呢？」也不會得到正確答案。

就如同這個狀況，就算問：「為什麼要用這個格式做資料呢？」多半的豐田人仍無法實際說出原因。

正因如此，在二〇一五年出版《向豐田學習的「一張紙」整理術（トヨタで学んだ「紙1枚」にまとめる技術，暫譯）》（サンマーク出版）後，我不斷收到許多現職員工感謝的聲音，表示：「謝謝你用簡單易懂的方式解釋我們正在做的事。」

二〇一八年在因緣際會之下，我有幸於豐田與松下共同的新任管理職研習上演講。（詳細內容請見故事九）

雖然希望能藉由本書，推動「一張紙」文化「標準化」，但在這裡我想再強調一次關於一張紙與本書主題「透徹思考能力」之間的關聯。

若沒有負重，能有效訓練肌肉嗎？

在「一張紙×框架×主題」的制約下製作資料時，會逼迫製作者進入「必須透徹思考」的情境下。

也許寫「逼迫」會讓某些人產生負面印象，但若以「大聯盟養成框架」來舉例，好像又說得過去了。可以試著以重訓的「有效負重」來理解。

當然，在沒有框架的狀況下製作資料一定比較輕鬆。

將心態轉變為「兩張資料也沒差吧，重點根本不在張數」然後妥協也很簡單。

但這不就等於：「根本不需要用啞鈴，因為重點不在這裡」，然後兩手空空當作自己有在重訓一樣嗎？

雖然真的很麻煩、辛苦，但若逃避負重，或將其正當化，是無法養成「透徹思考能力」的。

本書中寫到了許多關鍵內容，因此內容寫得較稍微深入一些。但正如前面所述，由於大多數的人無法順利以言語表達，因此在豐田中也有一部分的人，因不了解「一張紙」資料的本質，而出現了排斥的情緒。

崇尚無紙化和數位化的人，認為製作紙本資料的行為很像昭和時代的舊習慣，而因此避諱，並對「一張紙」文化產生敵意。

事實上，因新冠疫情使遠端工作盛行，也有人會認為「做紙本資料也太老套了吧」，而推動去「一張紙」活動。

關於這點，若是在新冠疫情前，就一直制約自己，磨練「透徹思考能力」的人，想必不會陷入簡報太多張的困窘之中吧。

即便失去了製作資料的機會，但無論在線上或著線下，勢必仍然能以簡易明瞭的方式溝通。

另一方面，那些想拋開「一張紙」文化，且在新冠疫情前未曾鍛鍊「透徹思考能力」，就進入遠距時代的人們，應該會受到前所未有的壓力，進而感到煩躁，又或是不知所措吧。

溝通不良的原因，其實並非出自於Teams或Zoom。

而是出自於輕視**「整理成『一張紙』＝透徹思考後再傳達」這種組織性溝通的基礎動作**，且因嫌麻煩而偷懶所造成的吧。

希望這樣的人能透過本書，再次面對到底真正的本質是什麼。

特別是管理職的人，應該都必須負責培養下屬。

請別因為自己的好惡，以及受DX（數位轉型）等流行用語影響，而剝奪下屬練習「透徹思考能力」的機會。這是我懇切的願望。

重要的事情多半很「麻煩」

在這裡順便再揭露一件事。在完成《向豐田學習的「一張紙」整理術》後，我曾因受到這些人的批判，而感到身心俱疲。過去我一直都保持沈默。之所以不曾想反駁，是因為他們心裡真正的想法是：「透徹思考太麻煩了，我才不想做」。

透過「無紙化」、「數位化」提升效率固然重要，「怕麻煩」的想法也能成為設想改善的原動力。實際上，閱讀豐田相關書籍後會發現，其中部分書籍也有寫到「越是懶惰的人越適合設想改善」等觀點。

但若沒有任何設想改善提案當作替代方案，只因為「麻煩」、「好陳舊」、「時代改變了」等理由，就想輕易推翻**代表日本的公司，長年培養的「一張紙」文化及其「智慧、正確的判斷、傳統」**……

只會讓「透徹思考能力」這個促使我們強大的養分，在不知不覺中衰退。還是現在是一個比起改善，更重視改革的時代呢。

令和時代，加上新冠疫情，時代正不斷改變。但這並不代表什麼事都得做出改革。「設想改善＝改變」的前提及基礎，在於對「不應輕易改變的本質為何」的洞察與了解，也就是所謂的「透徹思考的能力」。

上班族會出現的「七個浪費」

前面有點說得太深入了。但我之所以還是能再次振作，並努力至今，是因為比起這一小部分的怨懟等等，我更獲得了支持與激勵。最重要的是，我仍不斷收到那些因在工作上實踐後獲得改變，而捎來的感謝訊息。

「我擅自將此理解為淺田先生的書籍獲得銷售冠軍所帶來的影響。當看到公司中所張貼的海報，我的感謝之情油然而生。最近無論是主管或下屬，都越來

越多人因丟失了本質而陷入煩惱。未來請繼續寫這些能提醒世人的書吧。」

例如數年前，我有幸收到實際上在豐田工作的讀者這樣的訊息。

《豐田經營管理經驗71條（トヨタに学ぶ　カイゼンのヒント71）》（野地秩嘉／新潮社）這本書中，也記載了右側所寫的海報內容，因此在此引用。

接下來寫到與「行政技術相關職場」的部分，可以先替換為「白領工作與上班族」。下一頁的「③資料浪費」項目中，確實寫著**「你是否有準備好一張以上的A4／A3資料呢？」**。既非「兩張以上」，但也不建議「零張紙＝無資料＝口頭、空手」。

我不知道拙作是否真的有派上用場，所以還是謙虛一點好。但能收到豐田內部現職員工的這種感想，我真的很開心。

由於這個事件，可以知道即使到了現在，豐田還留有**「一張紙」文化＝培養「透徹思考能力」的文化。**

行政技術職場會出現的七個浪費

① 會議浪費

這是否是「做不了決定的會議」、「沒有決定權的人出席的會議」呢？

② 私下周旋浪費

你是否為了讓自己「放心」，而事先和「全員」周旋呢？

③ 資料浪費

你是否專程為了報告而做資料？
是否有準備好一張以上的 A4 ／ A3 資料呢？

④ 調整浪費

對於實際做過調整卻仍無進展的案件，並未想努力繼續調整？針對這種案件，請立刻與主管商量。

⑤ 主管自尊心浪費

你是否只因為下屬沒向自己報告，就聲稱「我從來沒有聽說」呢？主管這麼說會導致②私下周旋與③資料浪費。請主管自己去找資料吧。

⑥ 流於形式的浪費

是否有只因「過去一直有在做」，只好繼續做的工作呢？

⑦「演戲」浪費

會議內容是否照腳本演出，如同「形式上」的會議？且不決定事情，只是不斷討論些不著邊際的事呢？

只要豐田能不迷失本書中所寫到的本質，並將此作為良好的知識不斷傳承下去，「透徹思考能力」在未來勢必會一直是豐田的強項。

而帶著這樣的盼望，本章就到這裡結束。

Essence of Episode 4

- 「一張紙」並非會助長思考停滯的「模板式思考」。
- 「一張紙」的本質，是透過「制約思考」，培養「透徹思考能力」的實踐機制。
- 只要能養成「透徹思考能力」，對應方法可以臨機應變＝像水一般靈活應對即可。

第 5 章

故事 5：「標準化」

「為了『誰』」就是「標準化」的原動力

很感恩的，主管為我用紅筆修正的行為持續了兩年以上之久。

就算有「自己學習，教人的文化」，但願意如此認真執行的人，在豐田公司內部其實並不多。

所以我真的非常感謝，因為經歷了那些日子，我終於能自己獨立製作出「一張紙」的資料了。

而這其實並不純粹是習得了製作資料的能力。

正如前面的章節中所學到的，這也意味著我開始對自己的工作「透徹思考」，並在深知工作本質的狀態下工作。

但另一方面，我也對耗費主管這麼多寶貴的時間而感到抱歉。

只要工作的本質是「讓旁人變得輕鬆」，就不可能只有自己一個人輕鬆。

由於這樣的想法，我開始對於**「是否能做些什麼，讓製作資料的過程標準化」**這個問題，抱有很高的敏感度。

如前面所說，「標準化」也是很重要的豐田用語。甚至還有《豐田的形式——達到驚人業績的思考與行為慣例（トヨタのカタ　驚異の業績を支える思考と行動のルーティン，暫譯）》（Mike Rother著／稻垣公夫譯／日經BP）這樣的參考文獻。

我在學生時期曾學過柔道。對於有武術、藝術相關經驗的人來說，比起「標準」，寫成「形式」、「型態」也許更好理解。由於兩者同義，可以依照需求變換。

將「正確的判斷」「標準化」，並「橫向展開」

例如就試著用前面故事中所寫的「一張×框架×題目」，將製作資料的形式＝標準化、形式化、型態化吧。

製作資料應該在「一張紙」上，寫下「框架」，選定「題目」並填滿。

首先，請先準備「一張紙」，畫下幾個空的「框框」。並決定每個框框的「題目」，然後填寫框框內部。

只要事先做出行動言語化，以便實踐，當有了下屬、後輩後，也會更便於指導吧。

當標準化程度足以提高重現度時，或應該說達到標準化的條件就是重現度，不僅被教的一方能立刻實踐，也能夠不斷交接給未來的下屬和後輩。

在前一章中，用到了「正確的判斷」這個說法，而我認為「標準化」正是延續「正確的判斷」的關鍵（將於第十章詳述）。

且不只能依照時序垂直展開，也能向其他部署、部門、其他公司橫向展開。

關於這點，其實還有「橫展（橫向展開的縮寫）」這個豐田用語。**「橫展」**和**「標準化」**其實是一組的概念，所以請一併記起來。

後來隨著年資上升，與主管不再是師徒關係後，我仍自己持續研究豐田的「一張紙」文化。

在上一個章節的故事四中所介紹的「一張×框架×題目」，其實是其中最重要的精華之一。

但我最關心的問題，其實在別的事情上。

到底怎麼做，才能整合「ＴＢＰ」和「一張紙」文化呢？

在第一、二章中，大家一起學習了ＴＢＰ的八個ＳＴＥＰ。

在第三章，大家也知道了根據這些ＳＴＥＰ，所打造的A3「一張紙」格式。

但同時，我們也知道了日常生活中並不常活用一張紙的現狀。

然而既然定義了「ＴＢＰ＝工作＝解決問題」，就應該使用這些能用以解決問題的資料格式。

而回顧第二章的故事二，這種狀況可以說是「應有的樣貌」和「現狀」之間的「落差＝問題」。

所以雖然人才發展並非由我負責，我仍興起了「一定要解決這個問題！」的念頭，決定一邊工作，一邊加深洞察。

深入探討可發現，一切都是由「三個」元素組成

雖說是洞察，但其實我做的事很簡單。那就是在每次看到新的資料時，就比對其組成以及各個項目，觀察「是否有共通點」。

至於觀察的量，雖然我沒一張一張去數，只能說是概算，但我少說也看過了三千張以上的資料。

在這期間，我也經歷過因嘗試過多切入點而迷惘的時期，但在經過多年不斷思考後，我最終找出的「最有感的切入點」是以下三點。

What？Why？How？

首先，先試著去思考公司的會議紀錄吧。

若列舉得很細，將使變化的組合無限增加；相反的，若不列舉得那麼細，將問題濃縮減少，其實任何會議紀錄都只是在記錄以下三點。

- ▼為什麼要開會？：Why？
- ▼討論了什麼，又決定了什麼：What？
- ▼要怎麼做？：How？

企劃書也可以用相同的方式製作。

▼為什麼要做這個企劃？：Why？
▼企劃的概要、內容是什麼？：What？
▼要怎麼實現這個企劃？：How？

這個切入點也可以運用在與主管的面談資料上。

▼我過去做了什麼？：What？
▼未來打算怎麼做：How？
▼為什麼？：Why？

如你所見，「What？」「Why？」「How？」的順序可以自由對調。

最大的重點在於，「會議紀錄」、「企劃書」、「面談資料」這些**目的截然不同的資料，其實全部都是由相同的思考方式所組織而成的。**

你是否也開始有信心能夠標準化了呢。

其他如參加研習時的「報告」又該如何寫呢？

▼我學到了什麼？：What？

▼為什麼覺得自己有學到呢？：Why？

▼該如何運用在工作上呢？：How？

又或是若參加的目的很明確，也可以換成以下的統整方式。

▼為什麼參加呢？：Why？

▼學到了什麼呢？：What？

▼要如何運用在工作上？：How？

雖然這個例子可以做成兩種模式，但解讀方式本身還是「用三個疑問詞組合」，並沒有改變。

只要符合的例子夠多，就足以形式化了。也就是說，即便資料的種類以及目的不同，但從組織層面來說，其實都是為了要消除「What?」「Why?」「How?」這三個疑問。

這讓我發現**關於「一張×框架×題目」中的「題目」，能透過「消除這三個疑問」，達到具有重現度的形式化。**

用自己的方式，重新定義從豐田學習到的「解決問題方式」

由於分別於故事一、二和故事三、四說明了「解決問題」，和「一張紙」，接下來我將在故事五中統合兩者。

作為總整理，請試想這三個疑問詞是否能夠幫助「解決問題」。

▼**問題在哪裡？：What？**

▼**為什麼會發生問題？：Why？**

▼**該如何解決？：How？**

又或是更仔細，將第二章故事二中說明的TBP前五個STEP都記載下來，可以再分類如下。

▼**STEP1：明確定義問題：What？**

▼**STEP2：分析、分解問題：What？**

▼**STEP3：設定改善目標：How？**

▼**STEP4：真因分析：Why？**

▼**STEP5：擬定對策How？**

如此一來，我們的所學就全串在了一起。

故事一中，將豐田解決問題的精華整理如下。

工作＝解決問題就是反覆的「擴張」和「縮限」。

將這點與這次故事的精華「What？」「Why？」「How？」組合，就能在語言化時，更切中本質。

接下來的一段文字，在我腦中各式各樣的「本質整理」的過程中，被我排在第一順位。這也是我第一次在書籍上公開。

工作＝解決問題，就是必須解除「What？」「Why？」「How？」三個疑問，並反覆「擴張」和「縮限」。

若能掌握這個重點，將能透過「What？」「Why？」「How？」將TBP運用在各個工作上。

用自己的方式，重新定義從豐田學習到的「資料製作方式」

另外，在製作資料時，也不用刻意去將TBP的八個步驟反映在其中。只要如以下標準化，無論是什麼樣的資料，都能以同種思考方式製作。

製作資料的標準化：

- **在「一張紙」上畫下「框框」，並決定主題後填滿。**
- **應以解決「What?／Why?／How?」為前提設定「主題」。**
- **反覆「擴張」和「縮限」，填滿「框框」。**

只要先標準化，無論是什麼樣的製作，都能以同一套思考方式製作。

在過去拙作中所介紹的「一張紙」資料，也都是建立在這個重點上。下頁的圖示就是以此為例。

○○部長、官網相關部門同仁

20××年○○月○○日
網路推動小組

如何落實英文版官網更新

1．更新目的

對應到 Why？

重點	詳細內容
① 目前的營運方式，只是為了應付當下需求	• 目前只是在經營日文官網時，順便經營英文版官網（HP） • 有多的預算時，才會將部分內容翻為英文
② 英文版官網的定位不明確	• 出發點停留在「每間公司都應該有英文版的官網」 →看不見戰略性，HP的定位曖昧
③ 公司方針為從明年開始加強海外發展	• 決定開始積極向海外發展（××年8月） →依照方針，必須盡快重新審視英文版官網

2．更新內容

對應到 What？

重點	詳細內容
1）將HP的經營目的明確化	• 這次加強向海外發展的方針，僅限於法人 • 不必像國內市場一樣，以B to C市場為主 →英文版HP以法人為客群，徹底更新！
2）篩選內容	• HP受眾與日文版大不相同，因此應找出針對法人的官網必須具備的內容，並刪除其他內容 ※例如：留下「公司概要」，但刪掉「商品一覽」等
3）製作、追加新內容 ※僅限需要時實施	• 若需要針對法人的新內容，考慮重新製作 ※目前的內容一覽請參考附件 • 只在需要的狀況下實施，將預算壓到最低

3．今後的進行方式

對應到 How？

重點	詳細內容
a）期限：在明年3月底前公開	• 在明年度開始的××年4月前完成更新 • 新年度社長發表時，加入這個議題（同時周知法人業務負責人）
b）讓三間公司比賽選定網頁製作公司 ※從品質和成本兩方面仔細審查	• 選出三間對於為日本公司製作外國版HP有豐富經驗的公司，並實施比賽。 • 在兩個月內選定廠商（希望盡快舉辦說明會）
c）預設兩種預算 • 不添加新內容：兩百萬日元以內 • 添加新內容：三百萬日圓以內 ※當初的日文版是以五百萬日圓製作	• 關於是否需要增添新的內容，由參加比賽的各公司提案，進而從中判斷 • 在年度內能完成的範圍，判斷最終下單金額

以上

此為製作企劃書的例子。但無論是做報告還是要解決問題，只要是前述的例子中所介紹的事物，都可以用這個格式製作資料。

順帶一提，每當我提議「一張紙」的方法時，都會有部分的人會認為「我主管不可能接受我就只交出這麼一張紙……」也許現在正在讀這篇文章的讀者之中，也有人會有相同的感受。

其實這些人都有一個共通點，那就是在都還沒向主管報告、聯絡、商量之前，就會先開始感到猶豫，不願意嘗試。

還是希望大家務必嘗試看看。

而在試過之後，多數原本有這樣想法的人，都會發現**「沒想到這麼輕鬆就得到允許！」**，並改變想法。

會不斷出現這樣的前後差異也是理所當然的。這是因為你做出的資料，內容重現了你在本書中所學，並切中要點。

「一張紙」是信任的量測計

對於即使做了一張紙資料，還是表示：「對方果然還是不懂」、「被要求說明好幾次」、「內容始終無法通過」的人，我通常會對他們說接下來這段話。

「一張紙」成立的條件為你與主管的「信任關係」。而「信任」取決於你是否能透過「一張紙」，「展現你有多透徹思考」。

豐田的「一張紙」文化之所以能發揮作用，是基於就算只有「一張紙」，仍願意「交給你！」的互信關係。

若沒有這層關係，就只會遭受「真的可以嗎？」「那沒寫到的部分呢？」等不安和不信任的吐槽風暴。

正因如此，更應該徹底活用本書中學到的精華，為了讓旁人能更輕鬆，不斷努力解決問題。

為此，應該發揮「透徹思考的能力」，將過程統整成「一張紙」，並持續與身旁的人溝通，與身邊的人建構互信關係。

當然，這麼做需要花時間。

如有機會體驗前述前後差異的人，正是因為與身邊的人有信賴基礎，才能讓「一張紙」發揮功效。

若還未具有信任關係……

就透過本書提升「透徹思考能力」，慢慢設想改善與旁人的信任關係吧。

雖然會花時間，但只要腳踏實地累積實踐，未來「『一張紙』也能清楚傳達」這件事，將會變得理所當然。

以上。希望透過這五個故事，讓大家理解前言中所寫的「受到重視的人」和「透徹思考」之間的關係性。

Essence of Episode

5

- 「標準化、橫向展開」的本質在於，將公司內部所累積的「正確的判斷」，讓「未來或某處的某人繼承」。
- 「TBP」和「一張紙」的共通點在於消除「三個疑問」。
- 只要以「What?／Why?／How?」為主軸去仔細思考，將使所有學識合而為一，讓工作變得更單純。

第 6 章

故事6：「知行合一」

最難為情的經驗談

我常常會先決定好主軸的數字後才開始寫書，像這本書的主軸數字就是「10」。因此決定讓扣除序章和結語之外的正文，以十個章節建構。

也就是說，現在剛好在中間的部分。

因此在本章，我希望以「一個關鍵字」總結前篇故事，並介紹後篇中我想做的事。

首先，我想分享一個我其實不是很想說的故事。

因為某項工作，我和美國豐田的窗口以英文email聯絡。但我不太能理解對方的回答，一直處於不確定對方想表達什麼的狀態中，因此讓工作也停擺了。

大約一週後，主管問我「這件事處理得怎麼樣了？」我用一副事不關己的口吻回答：「對方的email沒有回到重點，我不太懂他的意思，所以目前停滯中。」主管非常生氣，痛罵：「你這傢伙，不懂就要問啊！」原本停滯的工作，也因此而開始重新運轉了……

為什麼他們毫不在乎工作停擺呢？

這是一段痛苦的經驗。這種工作態度，與「發揮當事人意識」的狀態可說是背道而馳，說真的，其實我很不想出版留下紀錄……

然而事實上，許多讀者和聽講者也和我反應，說「這個故事我特別有感！」我試著詢問大家為何對這個故事特別有感後，得到了「因為我以前也有經歷過這個時期」、「因為我現在正有下屬會蠻不在乎地說出這種話，讓我很懊惱……」、「我很羨慕你的主管會罵你，也覺得因此而改變的你很棒。要是在我們公司，肯定會被認為是職權騷擾結案」等出自肺腑的答案與評論。

各位在看了這個經驗談後，回想起什麼樣的回憶呢？

若從這次的故事中擷取出不好的重點，那就是當時的我，是以**「不知道＝錯在對方沒讓我搞懂＝我當然無計可施＝所以自己可以什麼也不做沒關係」**的思考迴路在工作的。

也就是說，過去的我把「不知道」當成不處理工作的「藉口」。

「因為我不知道」的免死金牌

因為不知道，所以不做。因為不知道，所以沒辦法處理也是理所當然。

因為沒獲得「知＝所需的知識、理解、認知」，所以不需要有「行＝行動及實踐」。由於接下來的這個詞，並非容易直覺理解的詞彙，因此在此之前我已經讓他多次登場了。那就是總結整個前篇的關鍵字：「知行合一」。

就讓我們透過本章節，提升對這個詞彙的了解吧。

當遇到以「若沒有知識，沒有行動也是理所當然」這種錯誤解讀來運用知行合一這個詞的人，我就會拚命跟他分享這次的故事，並擷取以下重點，希望能讓大家有所覺察。

「懂不懂？」「辦得到嗎？」「試試看吧？」你是哪種人？

首先，「懂不懂？」型人，其實和當時的我是同種思考迴路。

由於將「懂還是不懂」當作首要判斷基準，因此當不懂時，就會以此當作什麼都不做的護身符。

相反的，就算懂，也會「因此感到滿足」。因此無論是懂或不懂，都無法連結到「行」。無法具機動性地動作，就是這類型人典型的工作方式。

另一方面，「是否辦得到」型人，則會有「若辦得到我就去做」的心態，算是比較有意識和意志去做出行動的類型。

然而，由於「只要認為自己辦不到，就不做」，容易踩煞車這點，和「懂不懂？」型人其實也大同小異。

豐田人所實踐的陽明學

在工作方面，做出最多行動的，就是最後的「試試看吧？」型人。

就算不是很懂、不知道是否能夠辦得到，都會決定「總之先做再說」，並展開行動。

就算只是再小的動作也好，總之絕對不會什麼也不做。

這就是這一型的商務人士的基本態度。

要說到是否知行合一，「懂不懂？」型人在「只有知識」的階段就結束了。

而比起容易「先知→後行」的「是否辦得到」型人，「試試看吧？」型人則會「先行→後知」。更精確來說，「知⇅行」或「知＝行」才更接近知行合一最原本的意義，也就是**「知與行本為一體」**。

順帶一提，我以前深入了解豐田強大的原因時，也就是更深入了解「日本式經營」後，了解到非常重視知行合一等概念的「陽明學」，其實是很好的輔助。

若各位有興趣，可以將《真說「陽明學」入門——黃金之國的人類學（真説・「陽明学」入門——黄金の国の人間学，直譯）》（林田明大／ワニブックス）作為參考。

如果對「試試看吧？」型人談到這三種類型，他會做出驚訝的表情，並給予你以下的回覆。

「只要腳踏實地去做，在過程中就會慢慢做得到，也會了解了不是嗎？」

「不試試看的話，不僅無法加深了解，甚至根本沒辦法判斷是不是有執行的可能性……」

像這樣寫出來之後，我又更察覺到事實確實是如此，且毫無破綻。

實際上，「懂不懂？」型人看到這樣的評語時，也會認為「確實如此」，並能夠接受。但由於「懂不懂？」型人只要「懂了就滿意了」，最後往往執行沒多久之後，又恢復原狀了。

這個問題其實很深，但我想大家都能大概理解這三種類型了。你們又是哪一型人呢？

在現代商務人士之間蔓延的「扭曲的知行合一」

若用「扭曲的知行合一」的態度工作，這種「在不懂之前什麼都不做」的工作方式就變成了預設選項。就算不懂，也沒什麼創意、想法，不會去思考自己能做哪些事。導致每當有任何不了解的事，就「先推遲」再說。

但商務場合和學校的考試不同。無論是問題、條件，或解方、答案，都沒有固定的答案。也就是說，其實「不懂」才是初始設定。

因此，如果以這個態度工作，幾乎所有的工作都會被延後，轉眼間就讓事情變得難以收拾。

正因如此，必須**儘早擺脫將學生時期常用的「懂不懂？」策略運用在工作上的習慣**。我則是因為主管的當頭棒喝，讓我得以在早期就清醒了過來。

正因為是新進員工研習？

我常常在新進員工研習上演講，也會將這些痛苦的經驗當作題材。

一直到最近，我都還會努力告訴那些以為只要能透過考試，證明「我都懂」就沒問題的新進員工：「若一直抱有這種心態，早晚會和以前的我一樣陷入瓶頸」的想法。

並且告訴大家不應該抱持「我不懂，所以做不到，辦不到也是理所當然」的心態，以及以**「總之先試試看，在做的途中就會慢慢辦得到、了解了」**這種心態工作的重要性。

事實上，一路以來我也因為這番話，不斷獲得眾多年輕商務人士「真令人吃驚」、「所謂的哥白尼革命就是這種感覺吧」、「我彷彿被當頭棒喝一般，受到巨大衝擊」的感想。

但請各位千萬別誤解。

這絕對不是只針對年輕人的故事。

就算是在工作時比起「懂不懂？」「辦得到嗎？」，更重視「試試看吧？」的人，當在學習、讀書時，也會退回到學生時期，轉換為「懂不懂？」模式。

正因如此，我想對讀到這裡的各位拋出以下的問題。請各位認真面對這個問題。

到現在為止，你是否是以「懂不懂？」的心態在讀這本書的呢？

正因為是以「透徹思考能力」為題的書……

與學術書籍不同，商業書籍主要是以「我因這套方法，在工作、經營、商務、職涯、人生等方面都過得相當順利」等經驗談為主。

然後再從中找出教誨，並以故事和重點組成兩個大主軸。

這就是商務書籍的基礎寫法。

但並非所有人都是擁有成績，讓人俯首稱臣的經營者，因此也不可能靠個人的經驗談和教誨讓讀者滿意。

因此需要拿出某種根據，提升說服力。

在本書中，也介紹、引用了許多前人的話和研究等參考文獻，努力將重要的訊息傳遞給大家。

而我想說的是，其實一般的商務書籍，只需要第四章之前的內容就足夠了。

但這樣的商務書籍，其實並不符合以「透徹思考」為題的本書。

我之所以會這麼認為，是因為我認為這些書會**助長讀者的「懂不懂？」模式，有促使讀者停止思考、行動的疑慮。**

將作者獨有的體驗，以保有客觀性的方法寫下。然後再擷取出普遍度高的學問和觀察，整理成訊息，並寫成好懂的書並非難事。

但思慮過於周全，也就是「過度易懂」，也會伴隨著剝奪讀者思考機會的副作用。

最終，將只能提供「因了解而滿足」的讀書體驗，與行動毫無連結。若以知行合一來比喻，就是只有「知」，卻沒有「行」的閱讀與學習。

而本書的主題與目標，是讓大家養成「透徹思考的能力」。因此我不可能寫出那種就算不用多思考，也能一路順順讀到最後，並能藉此獲得滿足感的書。

雖說如此，但現在是一個越是「過於好懂」的商務書籍，越容易獲得好評的時代。若不採取這種寫法，就難以讓多數商務人士拿起這本書。那到底該寫一本怎麼樣的書呢？

不應「擇一」，而應該以「兩者皆入手」為目標

而我在豐田學到了，不應輕易因「反正現在就是這種時代」而妥協的重要性。

豐田將**「跨越困難」**視為充滿價值的企業文化。這點能從《豐田的知識創造經營　矛盾與衝突的經營模式（トヨタの知識創造経営　矛盾と衝突の経営モデル，暫譯）》（大薗惠美、清水紀彥、竹內弘高／日本経済新聞出版）的書中學習到。

這本參考文獻，是我隸屬的部門成為豐田窗口後出現的書。最先出版的是英文版本的《Extreme Toyota》。

也因為這段原由，我在閱讀原著時，更能理解其中含意。在表現跨越困難的企業文化時，原文所使用的詞彙是**「Always Optimizing＝總是以『最佳解答』為目標」**。

以和這句話完全相反的「Always Compromising＝總是以『妥協』結束」比較之下，應該就更能理解這句話的涵義了。

又或是拿解決問題的關鍵「擴張」與「縮限」來舉例。若「只有擴張」或「只有縮限」都只有一個面向，根本不會產生困難的狀態。

但並不應是如此。而是應該在「擴張」與「縮限」這兩個相反的思考過程之間來回，並以「最佳化＝應有的狀態」為目標，才是克服困難的本質所在。

若這樣解讀，那就可以推論出「克服矛盾」和「努力解決問題」其實是屬於同一套辯證法。

豐田和凌志，其車徽所代表的意義為何？

順帶一提，像這樣不偏重「某一方」，而是統整「整體」的企業文化，其實反映在眾人熟知的豐田及凌志的車徽上。

豐田的標誌不是以圓形，而是以「橢圓」所構成。而其原因在於圓形的中心只有一個，「橢圓則有兩個焦點」。

一個焦點在於「客人」，另一個焦點則是「豐田的員工」。豐田這個橢圓是因為有這兩種「人」作為焦點，才得以成立。

「橢圓」即象徵著決不偏重「任何一方」。

對比豐田，凌志的車徽則以字母「L」和「橢圓」所構成。

其中L象徵著「直線、銳角的敏銳、先銳」；橢圓則象徵著「有著曲線的柔和、流暢與精妙」等。也反映出不偏重「某一方」，而是注重「整體」的辯證式的價值觀。

順帶一提，揉合「直線」與「曲線」的作法，其實出自於他們名為「L-finesse」的設計哲學。

若有興趣，可以上豐田的公司官網看看。

題外話，我還在豐田時，負責擔任海外公司官網管理者。也許有些人會很驚訝「為什麼你會知道這麼多豐田的事」。其實這正是因為我曾是公司官網的管理者。

官網可說是公司的顏面。而身為官網管理者，必須比誰都要能對豐田侃侃而談。正因我從當時就以這個抱負工作，所以才能累積出足以寫出這本書的見聞。

本書的節奏將從此處改變

讓我們回到正題。因為學到這些事情，我在糾結中不斷思考後，決定把本書分為前篇與後篇。

也就是說，前篇的故事五之前，沿襲了現代標準商務書籍的易懂內容，將到此結束。從這裡開始，除了達到「因了解而滿足」的需求之外，我還要在後篇寫出「真正的事情」。我決定要做出挑戰。

而「真正的事情」其實就像是這樣的事。

就是因為光看前篇就感到滿足，所以才會被說「思考太短淺」。

在本書的故事五之前，我向各位提供的是「哇，原來豐田是這種工作方式啊！」等滿足好奇心的機會。

又或是促進大家了解、認知「原來如此，難怪豐田人善於透徹思考」的閱讀體驗。

要說第五章的重點是什麼，若以故事五中教的關鍵字來說，前篇中的故事就是

「What？」（經歷了什麼體驗？）精華則是「Why？」（為什麼這些體驗會重要？）

「標準化」也有分程度

這麼寫，也許有些人會覺得「我以為也有寫到『How？』的部分……」實際上，前章關於「標準化」的內容等，就屬於「How？」的領域。

那現在若大家看了下一頁，能立刻實踐嗎？

這些都是前篇中登場過的訊息，確實也屬於「How？」的類別……但我想試著吐槽一點。

大家真的有辦法順利回答這些的問題嗎？

光讀完前篇後，你有辦法成功實踐嗎？

- **未來就用超脫只為自己的工作觀工作吧**

  ← 該怎麼做，才能將這種工作觀當作理所當然呢？

- **未來應以提升解決問題能力為優先**

  ←該怎麼做，才能每天磨練解決問題能力？

- **到時候，應該有意識地反覆「擴張」和「縮限」**

  ←該怎麼做，才能去意識到？

- **另外，要重視「What？」「Why？「How？」」三個疑問詞**

  ←該怎麼做，才能更重視呢？

- **若只在腦中想，成果有限。因此試著用「一張紙」統整吧**

  ←該怎麼統整？手寫？電腦？手機？

- **無法靠自己透徹思考時，就請教他人幫忙**

  ←該怎麼做，才能讓對方看，並請求幫助呢？

若是已經非常擅長「透徹思考」的人，應該就能以這些精華為基礎，「自己思考並實踐，然後再思考、實踐……」達到「知行合一」，又或是能運作「Always Optimizing」的循環。

從故事中找到精髓，然後轉換至活動

反之，若答不出來，就會被說「思考短淺」了吧……

我想表達的是，像前篇那種寫法的書，只對已經有「透徹思考能力」的讀者有幫助。能靠心中自有的溫暖，去將本書中的學識從冰融化成水並不斷善用。但很可惜，像二宮尊德這般的讀者，並不是多數。

這明明是本希望大家培養「透徹思考」能力的書，但卻只有已經有「透徹思考能力」的人才有辦法實踐……

我之所以在本書前言中說：「要寫一本將透徹思考的能力為題的書，非常具有挑戰性」也是因為這個原因。

前篇非常好讀、簡明易瞭。

但很可惜，若希望能只靠前篇就提升「透徹思考能力」，並讓自己產生差異，本書並沒辦法達成。

身為作者，正因為深知這點，才會先讓大家透過本書前篇達到「了解並滿足」，然後再次提供機會，讓大家面對思考停滯的自己，才能真正養成「透徹思考的能力」。

對於願意直視現實，努力「想做點什麼」的人，在後篇中將正面對決，寫出「真正的事情」。

我想若是如此，許多讀者應該都會動手實踐。也因此讓這本書以這樣的結構問世。

以上，在進入需要靈活反應的下一個章節前，我想先預告一件事。

「一張紙」架構。

我能教大家如何以最少麻煩，學習到「透徹思考能力」的技術。要論如何讓讀者產生「若是這個方法，我想試試看」的想法，並提供「知行合一」的學習機會，讓學習和實踐合而為一，我相信我比誰都能夠給予支持。

身為社會人士教育專家，這就是我的責任，而我也希望用剩下的四個故事，負起這個責任。

所以請大家實際動手、動腦試試看。只要如此，我就能答應你，能透過本書自己設想改善「透徹思考能力」。

從「懂不懂？」轉換為「試試看吧？」
你是否切換過來了呢？
若你已經準備好，請前進到下一章吧。

Essence of Episode

6

- 「懂不懂？辦得到嗎？試試看吧？」你是哪種人？
- 若只看各章的精華這一欄，就是「透過瞭解得到滿足」的典型例子。
- 由於接下來著重於實踐，因此不會再有精華整理。

第 7 章

故事7：「動作」

當突然被部長點名時

每當在思考上一章導入的**「有實踐的學習」**時，我總會想起一個故事。請容我再分享一個剛被分發到部門時的經歷。

有一次，部長對我的主管說：「○○，我們聊聊吧？」主管說：「是！」後便從自己的座位起身，前往十公尺之外部長的會議桌旁。當時主管與我的關係就像是母雞帶小雞一樣，因此我也迅速跟上，一起參與了會議。

部長的手邊，照例放著「一張紙」的資料。部長看著資料，並問主管「這個案子現在進度如何了？」

主管只瞄了資料幾秒，就做了如下說明。

「你說這個案子啊。依照上週會議的結果，整理出未來的三個方向。方向①的重點是○○，方向②的重點是△△。最後的方向③則是著重於□□。我會在明天前整理好我負責的部分，最晚在禮拜五就能和你討論了。」

聽了這不到一分鐘，簡單明瞭的說明，部長只說了：「我知道了！謝謝」。然後就不疾不徐地站起來，並快速地去了其他樓層了。當我回過神來，才發現主管也已經回到自己的位置上，好像什麼事也沒發生過一般，繼續開始做自己的工作。

當時，一個人被留在會議桌前的我，沈浸在茫然的狀態下。總覺得自己好像看到了什麼魔法一般，無法消化眼前剛發生的事，整個人魂不守舍的。

我之所以這麼驚訝，是因為就算突然被部長點名，主管卻仍能瞬間了解部長的意圖，並靈機應遍地對答。

但其事實實並非如此。

雖然當時的我也學不來這種技能，但更不可思議的部分，其實是我接下來要說的這個前提。

那就是部長所詢問的案件，根本不是主管負責的。

即便如此，**主管卻彷彿自己是負責人一般地回答了**。這點認我震驚不已。

當各位被問到並非自己負責的工作進度時，是否能順利說明呢？且是在沒有任何脈絡可循，突然被點名，完全無法做事前準備的狀況下。

我想遇到時，恐怕只能承認自己辦不到，且束手無策吧。當時的我也是這麼想的。雖然我感覺彷彿看到了一場魔術秀一般，但其實這樣的場面，我看到了不只一次。而是好幾次、好幾十次，是時常可見到的光景。

為什麼「準備時間為零」卻仍然能解釋呢？

同樣的情境發生了好幾次，多到讓我都忍不住懷疑這是否是事先設計好的。但無論多少次，主管總是能臨機應變。

能重現這樣情境的祕訣，到底是什麼呢？

在某次對答後，我向回到座位上的主管提問了。

「為什麼每次突然被點名，你都能怡然自得地對答如流呢？而且面對別人負責業務的相關問題，也能維持冷靜，實在是太厲害了。該怎麼做才能像你這樣呢？」

主管是這麼回答的。

「淺田，我是以往後被問時，要能夠向對方解釋為前提在理解事情的。在讀他人的資料、開會時，聽各種部門談話時也都一樣。所以我才會隨時被點名問問題都沒問題。因為我只是把平時做的事說出來而已。」

每當看、聽到「恍然大悟」這個詞彙時，都會讓我回想起這件事。

在故事0和1中曾分享過，工作是「讓身邊的人輕鬆＝超脫解決自我問題」。而我每年都會越來越強烈地感受到，這次的故事和這句話一樣，對我往後的職涯和人生來說，是關鍵性的收穫。

這是因為我了解到**在閱讀、聽他人說話並試圖了解時，也需要「超脫自我，從他人觀點來看事情」**。

當時的我只有「自己是否理解」這個判斷標準，也不曾有「必須理解到能向他人解釋的程度」的想法。

而大家對於「超脫自我理解」這點，又擁有多少意識呢？

讓我獲得「工作可用的解釋能力」的經驗

在發生這件事後，我開始實踐「以之後能向他人解釋為前提，去閱讀、聽、思考，並且記下來」這件事。

然而一開始根本完全做不到。我花了好幾年才學會、習慣。

而且當時間、空間、對象不同，解釋方式也不一樣，所以要這個技能的學習根本沒有終點。我直到今日也還在持續訓練，這是一項需要長期訓練的能力。

實際上，這也是一種需要花中長期時間去實踐，才能學到的技能。因此就連在豐田內部，有這樣應答能力的人也不多。

正因如此，主管才會連面對他人負責的業務時，還總是有辦法代替對方回答。

我也因此受到振奮，希望自己也能「變得像主管一樣」。進而反覆嘗試，並從錯誤中學習。而我想向大家分享在這過程中，曾讓我恍然大悟的經驗。

有一次，其他部門的前輩給了我一個建議，要我「在工作時，應該更意識到目的」。

但若要寫下我當時真正的感受，其實我心中的想法是：「就算你這麼說，但就是因為我根本不知道該如何意識到目的，才會這麼煩惱。」

話雖如此，但若我問出口，那位前輩是想必只會回「這種事你應該要自己想啊！」且大多數的人應該都是這種反應，所以我只能自己想辦法。

若是你們，你們會怎麼去意識目的呢？

在豐田學到「定點觀測」的重要性

以結果來說，我靠自己解決了這個問題。所以我到現在還深深記得，解決的關鍵字是**「定點觀測」**。

這也是一個頻繁出現在其他豐田相關書籍中的用語，因此我想藉這個機會說明。不過在其他書中舉的幾乎都是有關工廠的例子。

這個方法就是在同一個地點，每天反覆去看同樣的場景。

如此一來，就算是「細微的變化＝差異＝差距」，都能無所遁形，一一察覺。

正如故事二中所學習到的內容：「差距＝問題」。因此只要透過定點觀測，發現浪費及可以改善的地方，就能確實解決問題了。

那麼上班族又能夠做什麼樣的定點觀測呢？

我認為是**「人類觀察」**。

正如故事0中所介紹，為了讓「旁人」感到「放鬆」，「觀察他人的能力」不可或缺。

正因如此，我從剛進公司，就將每天定點觀測主管，以及工作上有關連的人當作重要的習慣。往後我開始能從言行中些微的變化，察覺對方的煩惱、顧慮以及問題。

定點觀測的對象絕非只有生產現場。

每天的人類觀察也是一種非常重要的定點觀測。

也許有些人會認為「重複單調的每一天真無聊」，但其實長年相同的工作、工作地點＝節奏和景色不變，也許才是最適合定點觀測的環境。

順帶一提，若想要更深入學習定點觀測的重要性，我建議大家可以去看《被討厭的教練 落合博滿是如何改變中日龍的（嫌われた監督 落合博満は中日をどう変えたのか，暫譯）》（鈴木忠平／文藝春秋）當作參考。

雖然不是豐田發生的事，但背景同樣是愛知縣。書中以許多故事，告訴大家當時落合教練在球場做了什麼樣的定點觀測。是一本能夠學習到許多的名著。

希望這能成為一個轉機，讓你改變「每天都好單調」的想法。

寫成英文也能通的「Hoshin Kanri」

在定點觀察主管及其他工作表現受到肯定的人們時，我注意到了一件事。

他們在開會時手上拿的L型夾中，除了會議中會使用的資料外，還放了另一張「一張紙」資料。

公司方針 部門方針 部署方針 處室方針 課方針 個人方針。

至於實際上該以什麼層級來寫才比較好理解，依照讀者因人而異，所以我先以條列式的方式寫下了主要的項目。自己在實踐時，要用什麼樣的資料都可以。

豐田在每年新的年度時，都會擬定公司方針，並依此擬定各部門的方針，進而延伸到各個部署的方針。然後一路層層向下延續，最終反映到個人的工作方針。

另外，每個負責人一年都會與主管面談數次，並確認其工作方式是否得以讓方針成功達成。

就我所知，這是一個稱為「2way溝通」的機制。但就近年的商務用語來說，寫成「1on1」也許大家會比較好懂。

順帶一提，前面所提及的方式被稱為「方針管理」。也是被寫為「Hoshin Kanri」，並廣泛傳播到國際的豐田用語之一。

但若要詳細說明方針管理的機制，則會偏離本書的大意，因此我將重點縮限為以下一點——也就是說「方針」即是我們工作的**「目的＝追求」**。

只要隨身攜帶寫了「方針」的「一張紙」，當搞不清會議的目的、工作變得模糊不清，連自己都搞不清楚自己到底在做什麼等時候，就可以回顧這張紙，修正方向。

又或是在第二章中所介紹的「用比自己高兩個階級職位的角度來思考」的思考習慣，

也算是在「確認兩階層以上階級的方針」，能夠在日常中實踐。

理解就是能將事情說明到「自己及他人都能做出行動」的程度

試著將以上的內容，用以下的方式標準化、形式化吧。

「意識目的」，就是「反覆觀看寫著目的的紙」。

當像這樣言語化後，自己的心中也會產生一種「我必須理解到能向人說明」的感受。而又該以什麼樣的標準，來判斷自己已經理解到能向人說明的程度了呢？

在工作方面，應為**「自己或對方理解＝透徹思考到能化為行動的程度」**，最大的重點就在於到達**「自己及他人都能做出行動」的程度。**

不只是建議我「應該更意識到目的」的前輩，在商務世界中，常常接收了說明，卻難以無法連結到行動上。

請務必回想起上一個章節（P161）中的總結與吐槽案例。

雖然那樣的表達方式也能讓人獲得「理解＝了解並滿足」的感受，但那樣的理解，真的有達到能實踐的程度嗎？

此時的關鍵詞，果然還是「知行合一」。

這個詞有「知識與行動渾然一體，綁在一起」之意。

也就是說「理解＝實踐」又或是「理解　實踐」。只要理解為「理解（知）達到了知道接下來該怎麼做（行）的程度」，知行合一在這個文脈中，也能解讀為用來提升認知的輔助方式。

讓你久等了，這次也要來談談「動詞與動作」

又或是若有讀過我過去的拙作，請回想起那些書中介紹過的**「動詞」**與**「動作」**的內容。在這邊為沒讀過的讀者擷取出精華整理後，我將「動詞」和「動作」以接下來的定義區分。

●「動詞」等級：見聞後，「並無法運用在行動上」的說明。
●「動作」等級：光是聽到那些詞彙，「就能運用在行動上」的說明。

若以這個分類來看，我前面寫到的「能向人說明程度的理解＝自己及他人都能做出行動的理解」都屬於「動作」等級。若讀者在過去拙作中看過這樣的說明，其實我就是在講同一件事。

未來本書中也將頻繁使用「動詞」與「動作」這兩個詞，但有一件事我想要補充。

當時我寫下這番話時，曾獲得熱烈迴響。這似乎是非常令人印象深刻的說明，以至於我甚至獲得了很多「雖然我幾乎不記得你寫了什麼，但只有動詞與動作的故事，我到現在還記得」的感想。

① 製造過多浪費
② 等待浪費
③ 運送浪費
④ 加工浪費
⑤ 庫存浪費
⑥ 動作浪費
⑦ 不良浪費

但老實說，許多讀者都誤以為「動詞與動作也是豐田用語」，認知有許多偏頗。

所以這次我希望能解釋得比當時更加清楚。

其實「動作」的由來，是有名的豐田用語**「七種浪費」**。

上述是引用自《TOYOTA職場教戰手冊（トヨタ仕事の基本大全）》的內容。想詳細學習者，務必將此書當作參考。而大家也可以看到第六項的「動作浪費」項目。

大家可以先理解為「工作時不做多餘的動作」。但其實只有我會用與「動詞」的對比，來解釋這裡的「動作」。

關於「動作浪費」的說明，通常會提到泰勒及吉爾布雷斯兩位先驅，以及他們先行研究的名稱，來解說「動作經濟原則」。

▼檢視點1：是否能省去動作的「數量」？
▼檢視點2：是否能縮短動作與動作間的「距離」？
▼檢視點3：是否能「同時」執行複數個動作？

右邊內容為「動作經濟原則」的一個例子。只要了解這些檢視點，就能將其活用在省去多餘的動作以及提升效率上。

「動詞」就是省去「多餘的動作」前的階段

另一方面，我自創用與「動詞」的對比，來解釋「動作」的方法，則將重點聚焦在省去多餘動作前的階段。

也就是說**「這樣的說法，是否能讓人立刻連結到動作？」**，是判斷是否符合「動作經濟原則」的前階段，其實也就是最初應確認的重點。是首先必須克服的問題。

身為一個上班族，其實會發現在工作時，**比起「動作浪費」，更常會遇到「根本還沒達到動作階段」**的人。

因此我針對「動作」新設計了「動詞」的概念，並想出了「別用動詞打模糊仗，用動作來傳達吧」的提醒說法。

看到讀者的迴響，就可以知道這個嘗試十分順利。正因為「能向人說明程度的理解＝能促使許多人做出行動程度的理解」才能獲得如此多的迴響。

我至今仍持續精進自己，希望未來還能創造出這樣的說明方式。

不如直接實踐「動作」吧

有鑒於以上的內容，我想將本書前半段所寫的精華，都化為行動，變成動作等級。

當越來越理解「故事」及「精華」後，接下來就必須開始走向「活動」階段，也就是「開始實際動手表現動作」了。請以這個前提繼續閱讀下去。

在前篇最終章第五章的故事五中，我將在豐田學到的「一張紙」文化總結如下。

製作資料的標準化：

- **在「一張紙」上畫下「框框」，並決定主題後填滿。**
- **設定「主題」時應解決「What?／Why?／How?」**
- **反覆「擴張」和「縮限」，填滿「框框」。**

雖然這個總結，確實切中重要本質的精華，但如你所見，這僅限於「製作資料」的狀況下。

但這本書的主題並非「製作資料的能力」，而是「透徹思考的能力」。

而且我想表達的並不是「唯有透過製作資料的機會，才能透徹思考」。

也不是「一張紙」究竟是A4還是A3大小，應該由電腦還是平板來製作，又或是必須要用手寫等事情。

當將實踐的想法放在心上，就會越讀越發現還有許多不明白的地方。

而這就是我在前章中寫下「前篇為似乎能實踐，但實際上無法實踐的內容」，以及本章中寫下「雖然明白，且獲得滿足，但還沒有理解到能連結到行動，未到達動作等級」的原因。

建議以「手寫」方式實踐「一張紙」架構

為了達到「伴隨著實踐的理解」，請讓我改寫剛才的那段精華吧。

「透徹思考」的標準化：
・在「一張紙」上畫下「框框」，並決定主題後填滿。
・設定「主題」時應解決「What？／Why？／How？」
・反覆「擴張」和「縮限」，填滿「框框」。

首先，先將開頭的「製作資料」改寫成「透徹思考」。如此一來便不會限定於製作資料，也能實踐這個精華。

且當「製作資料」這個條件消失，就算在電腦上用Word、Excel、PowerPoint，又或是「手寫」都無妨。

前篇中曾多次介紹過，「標準化」的條件就在於「重現度」。

正因為「形式化」，讓無論是什麼工作內容、職種、業界的人都得以實踐，也才能讓許多人都能「橫向發展」。

因此我想透過製作大家在學生時期就很熟悉的**「製作手寫筆記」**，重現豐田的「一張紙」文化，並設計出了**「一張紙」架構**的商業技巧。

「一張紙」框架的製作方式

那麼接下來我將開始介紹具體的製作方式。

首先，請準備「紙」和「綠、藍、紅三色的筆」。

紙張可以選擇影印紙、筆記本，甚至是廢紙的背面都無妨。但大小至少應大於A5，所以最好不要選很小的筆記本。

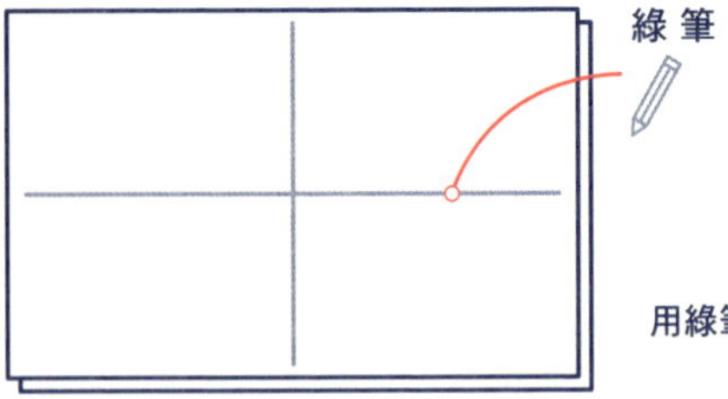

用綠筆，畫出分隔上下左右的線

為了讓大家能夠輕鬆上手，本書將以A4大小的影印紙為例說明。

先將紙折成一半，變成A5大小將較方便記載。因此手邊沒有筆記本的人，可以用白色的影印紙試試看。

另外，也許很少人能立刻找到三色筆。之所以會希望大家使用三色筆，是因為這樣**能在視覺上做出區分，能更有效磨練「透徹思考能力」**。但如果不方便準備，先用黑色的筆也可以。

首先，請先如上圖一般，用「綠筆」畫上十字的縱線與橫線。如此一來手邊的紙上，應該就會有「2×2」總共四個的「框」了。

這個「框框」，與第四章介紹的「一張×框架×題目」中的「框架」具有相同的功能。但是故事四中，還尚未詳細寫下設定「框架＝制約」的優點。因此接下來我想重新在這個章節中，從眾多優點中精選三點加以介紹。

「框框」有這麼多優點！

首先，比起只在腦中想一堆，一邊看著框框，以視覺檢視更容易透徹思考。

「視覺化」除了在向人說明時，具有視覺輔助的作用之外，在「促進自我思考」上也不可或缺。

此外，由於有些人有「只要有空白就想填滿」的心理，因此也有機會藉由框框，解除思考停滯的狀況。

接下來，就讓我們不用心理學，改為針對運動科學的層面來談談吧。

當遇到框時，人類的視線就容易停留在框之中。

而當視線定下來，也會讓意識較容易集中。

因此框框能輔助我們，讓我們能一直專注於「透徹思考」直到最後。

二〇二一年，由於《拯救手機腦（スマホ脳）》（Anders Hansen著，久山葉子譯／新潮社）這本書成為熱門暢銷作品，讓許多商務人士開始認為現代是一個難以維持專注力的時代。

正因身處這種時代，將來應該更容易感受到**「透過框框讓視線、意識、思考專注」的效果。**

透過調整框框數量，能發揮在各種用途上

「一張紙」和「框框」這兩項制約，轉換為手寫的方式了。

那麼接下來就剩下「題目」了。

關於這點，可以透過以綠筆，將想透徹思考的題目寫進左上第一個框框中，達到相同的效果。

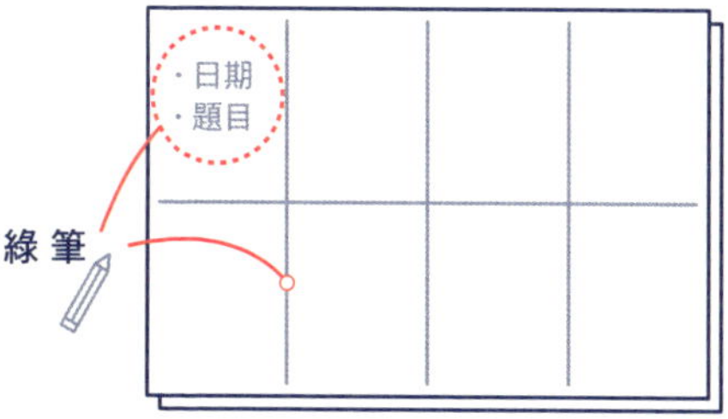

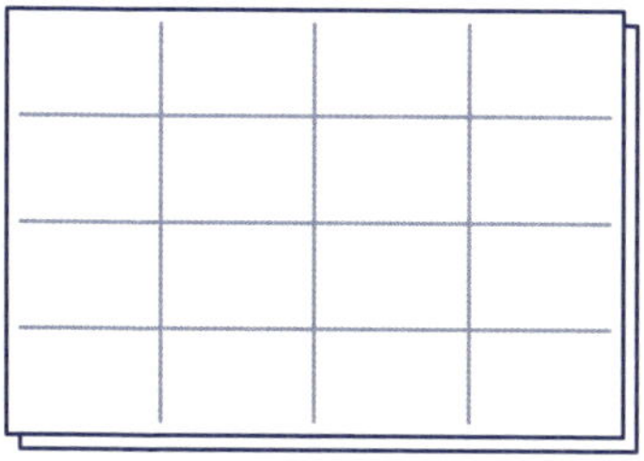

此外，為了拓展活用的範圍，先稍微增加框框的數量吧。

在右下的圖中，我們將剛才的「2×2」，再各加上兩條的「縱線」和「橫線」，變成「4×4」，變成總共「16個框框數」。

在下一個章節，也會提到再多畫上四條橫線後，活用「32個框框」的方法。不過在本章節中，將專門介紹可以用「4×4」框框實踐的方法。

先將「把問題明確化」化為動作

那麼就讓我們試著利用「一張紙」的框架，將「在豐田學到的『透徹思考』術」轉換至**「動作階段」**吧。在本章為了介紹，將先試著用「一張紙」實踐STEP1。

話說各位還記得第二章中曾說明過的STEP1內容嗎？

我試著重新以一行字來整理後，重點如下。

思考「應有的狀態」和「現狀」的「差距」後，「問題」將變得明確。

這是我們在故事二中學習到的事情。但最重要的，是該如何將這段精華形式化，才能設想改善，達到足以轉換至行動的程度呢。

---

①用綠筆，在左上的「第一框框」中寫上日期和「應有的狀態為何？」

②用綠筆，在下面兩格的第三行框框中，寫上「現狀為何？」

③用綠筆，在右上框框寫上「問題為何？」

若要補充一點，就一定要如圖示一般寫下日期。原因是在於「往後回顧時較好查閱」。

接下來，在自己工作「應有的狀態」、「現狀」的部分，則以藍筆填寫（請參考下一頁

圖示）。

之所以要換顏色，是因為**「建構框架＝綠」、「列出材料＝藍」。在腦中以視覺的方式區分自己正在做的事，能幫助我們將「透徹思考」這個抽象的思維操作更視覺化。**

接下來我將用我過去負責的工作「海外公司官網營運」為題材呈現記載範例。請大家參考，並盡可能用簡單的方式填好框框。

在填寫時，希望大家能回想起第一章中學到的內容。

由於工作是「為了『他人』」，因此在填寫時，應該儘可能找出與自己工作相關的**「主管、組織、客人等他人」的問題。**

10/10 應有的樣貌為何？	毫無壓力 順利入手	透過造訪官網， 提升對公司的 信任度及好感	問題為何？
獲得客戶 想要的資訊	確實傳遞了公司 希望你傳遞的資訊	並非直接翻譯 日本網站， 而是當作 國際網站營運	
現狀為何？			

10/10 應有的狀態為何？	毫無壓力 順利入手	透過造訪官網， 提升對公司的 信任度及好感	問題為何？
獲得客戶 想要的資訊	確實傳遞了公司 希望你傳遞的資訊	並非直接翻譯 日本網站， 而是當作 國際網站營運	
現狀為何？	不多次點擊， 無法找到 想要的資訊 搜尋功能很難用	許多從日文直譯， 有點不自然的內容	
公司網站和 商品網站分開 客戶無法獲得 想要的資訊	以文字為主， 很少照片及 影像的內容	更新頻率低， 更新速度慢， 更新內容有偏頗	

但由於在研習中演講時，也曾有人提過：「有為了他人這個束縛在，讓人填得很痛苦」。因此若你感到「光填自己的事就夠疲於奔命了」的話，一開始可以只用「自己的觀點」來填寫也無妨。

一開始先以學會「一張紙」架構為主要目的，然後再慢慢轉變成「客人、組織、公司角度」的觀點吧。

看、思考、弭平差距

若要舉出其他三個填寫重點，那就是雖然空白的框框有五個，但不需要勉強自己全部填滿。

10/10 應有的狀態為何？	毫無壓力順利入手	透過造訪官網， 提升對公司的 信任度及好感	問題為何？
獲得客戶 想要的資訊	確實傳遞了公司 希望你傳遞的資訊	並非直接翻譯 日本網站， 而是當作 國際網站營運	網站架構 並未考慮到 用戶角度
現狀為何？	不多次點擊， 無法找到 想要的資訊 搜尋功能很難用	許多從日文直譯， 有點不自然的內容	是日文的英譯版， 並不是國際網站
公司網站和 商品網站分開 客戶無法獲得 想要的資訊	以文字為主， 很少照片及 影像的內容	更新頻率低， 更新速度慢， 更新內容有偏頗	缺乏及時更新， 以及有意義的更新

當試圖活用「只要有空白就想填滿」的心理，但最後還是無法填完也沒關係。請試著在自己做得到的範圍內執行。

此外，正如第二章中所學到的，當寫不出「應有的狀態＝理想的狀態」時，有時解釋為**「應有的狀態＝本該有的狀態」**，反而能讓停滯的想法開始動起來。

另外，若能活用本章所學到的動作，勢必也能活用公司方針及部門方針吧。**有時只要一邊看著比自己更高層的方針，一邊思考**，就能找出「應有的狀態」。

但過去在針對這件事演講時，我曾收到「我們公司沒有明確記載下來的方針」、「我們公司根本連方針都沒有」等反應。所以這部分能做再做就好了。

最後，當「應有的狀態」和「現狀」填滿後，請比較看看，再將其中的差距，填入「問題為何？」的欄位中。這個思考有「整理」及「篩選」的作用，因此為了在視覺上做出區別，請用紅筆填寫。

雖然在格式上有三個框框，但將這些框框全部填滿並非目的所在。可以只填寫一格，也可以將一個問題分成三個關鍵字或重點，個別寫進格子中。

因為以「懂不懂」為前提閱讀，所以找不出價值

就這樣，「和豐田學習『透徹思考』術」的STEP1，就能透過「一張紙」實踐

了。看到這裡，大家有什麼想法呢？

也許有些人會認為「沒想到會這麼容易」。

有這種想法也無妨，但若因過度簡單而覺得「無聊」；又或是覺得手寫「很麻煩」，而不想做的話……請試著回想起前一章的內容。

這種想法，是陷入「懂不懂？」模式裡的人最常出現的反應。

說到底，「伴隨著行動的理解」的條件是有做出行動。因此必須要是單純的表現、簡單的動作。

太過困難、複雜，又或是有十幾道手續的話，只會讓自己和對方難以做出行動。

並非因為簡單而「無聊」，而是因為簡單，才有辦法「轉換成行動」、「願意不斷嘗試」、「能夠重複並養成習慣」，也因此「有價值」。

希望大家能透過本書，設想改善、更新認知。

若是「辦得到嗎？」「試試看吧？」的人，勢必會理所當然地這麼想，並立刻拿起紙筆，試著挑戰。

就算只做一張也好，希望在下一個章節開始前，大家能實際寫寫看。

那我們就第八章見吧。

Essence of Episode 7

為將「問題的明確化」，先將自己的工作為題材，實際寫成「一張紙」看看吧！

第 8 章

故事 8：「透徹思考」

正因有許多框框，才能「分解」

在前一章，先試著動作化，用「一張紙」重現了TBP的STEP1。本章節希望能延續這個流程，嘗試一口氣將直到STEP5的內容全都標準化、形式化。事不宜遲，就開始嘗試STEP2吧。和STEP1時一樣，首先要做的是複習。你是否能回想起，第二章中所學到的重點呢？

為找出問題所在，應「擴張」問題的可能性，並「限縮」出問題點。

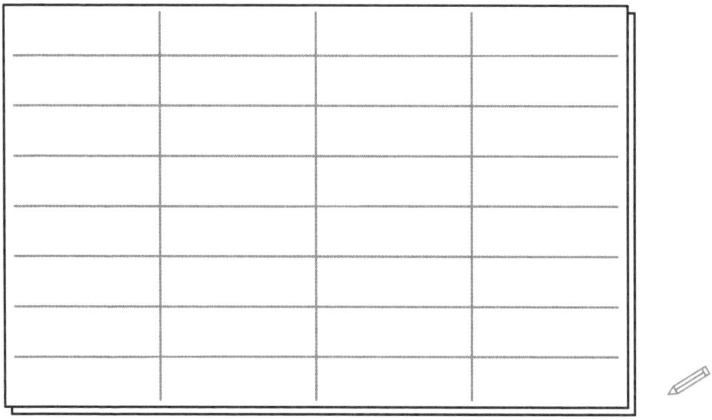

以統整來說，這段話應該就足夠了。但本書的後段的重點是希望大家能進化到「能向人說明的程度＝能讓人付諸行動的程度」，光看到這樣的說明就能夠實踐的人有限。因此就讓我們從動詞轉換到動作，提升重現度吧。

具體來說，本章節將繼續活用前面所提的「一張紙」框架。

但由於從STEP2以後，必須實際反覆操作「擴張」與「縮限」。為了能在紙本上重現這個思考模式，必須將整個過程「視覺化」。

而這次我們將活用「框框數32」的「一張紙」框架。先製作前一章中說明的「4×4」的框框，然後多畫四條橫線，製作如上圖的框架。

將「擴張」和「縮限」「化為動作」

接下來應該將題目如下頁圖示一般，寫進框框中。

用來當記載範例的主題，和上一章相同。由於只是範例，請以自己實際上的工作內容為題材，試著寫下①～③。

①用綠筆，在左上的「第一個框框」寫下「問題為何？」

②用綠筆，在再三格下的框框中寫下「問題點為何？」

③用藍筆，寫出三個左右的問題，並用紅筆將正在解決中的問題畫上圈圈。

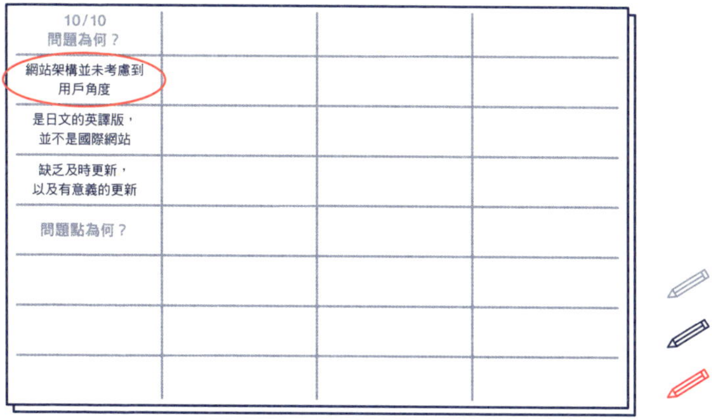

10/10 問題為何？			
⭕網站架構並未考慮到用戶角度			
是日文的英譯版，並不是國際網站			
缺乏及時更新，以及有意義的更新			
問題點為何？			

第一列上半部分的框框，是針對「現在到底要處理什麼問題？」實施「擴張」與「縮限」。若在STEP1中就已將「問題明確化」的話，想跳過這個步驟也無妨，但是……

實際上，大多數人都同時負責多項工作。若同時擁有許多問題，可以先寫出三個想處理的候選問題，然後從中選出一個去思考。

在一開始先有這樣的過程，更有助於實踐。

而在用紅筆篩選時，以下的問題能作為判斷基準。

▼重要度：較重要的問題為何？
▼緊急度：期限與交期接近的問題為何？
▼擴張傾向：若放著不管，會很嚴重的問題？

選擇符合其中符合一項或多項的問題，並用紅筆打圈即可。

由於只有三個欄位，可以事先過濾後再寫出來也無妨。請選擇容易執行的方式。

若有助於達成「縮限」的目的，用什麼樣的問題過濾都無妨。像是**「做了之後會幫助到職場的事是什麼？（貢獻度）」「能在較短期間內解決的問題為何？（難度）」**等等。

請用自己的方式安排，並培養「篩選」的能力。

試著以「三個主軸」拆解

接下來前進到第二列後的框框。

請用綠筆在第一行的框框中分別填入**「若以時間軸劃分？」「若以空間軸劃分？」「若以人軸劃分？」**

這也屬於前篇的複習。如第二章中的解說，作為拆解的切入點，先以這三點來「擴張」，然後再選出其中一項「縮限」，就能提升順利執行的可能性。

實際以藍筆試著寫下後，結果如下頁圖示。

但若每次都要這麼寫很麻煩，因此當習慣之後，也可以將「時間＝Time」簡化為

10/10 問題為何？	若以時間軸劃分？	若以空間軸劃分？	若以人軸劃分？
網站架構並未考慮到用戶角度	想看什麼樣子資訊	導覽①：新聞	訪問者問卷① 「找不到資訊」
是日文的英譯版，並不是國際網站	搜尋公司名，就能找到網站	導覽②：公司概要、理念、願景	訪問者問卷② 「搜尋後不會跑出資料」
缺乏及時更新，以及有意義的更新	從首頁導覽搜尋	導覽③：科技	訪問者問卷③ 「看了還是不懂」
問題點為何？	遵循導覽，找到正確的網頁	導覽④：CSR、永續性	公司內部訪問① 「沒有時間更新」
	找不到時，運用網站內部搜尋	導覽⑤：IR、投資客資訊	公司內部訪問② 「沒有預算更新」
	瀏覽文字資訊、圖、影片等	導覽⑥：招募資訊	公司內部訪問③ 「沒有專職負責人」
	OOO	導覽⑦：社群、影片	公司內部訪問④ 「更新的目的不夠清楚」

「T？」，「空間＝Place」簡化為「P？」，「時間＝Human」簡化為「H？」

除了這個例子之外，以第二章中舉過的加班例子來說，可以先調查上旬、中旬、下旬的加班時間，並記載進「時間軸」的框框中。另外也可以比較旺季和淡季的差距並記載。

接下來在「空間軸」的部分，可將課上的工作以條列式寫出，以視覺的方式表現出處理哪項工作時，會比較多加班。

但由於每個軸只有七個框框，因此若很清楚哪項業務的負擔較大，可以從一開始就先出那項業務的流程。

最後是「人軸」。可以將課內人員的名字

和加班時間寫出來，也可以寫出加班較多的人員之共通點等。

在這個過程中，有一點希望大家不要誤會。那就是可以從時間、空間、人的任何一個軸開始填起寫都無妨。實際上在填寫時並不需要規定自己從左邊開始寫起，而是從有辦法填的地方開始填起即可。

此外，當填寫過程中，若發現框框數不夠，或是想重寫時，請寫第二、三張，重新來過。就像TBP有許多STEP一樣，「一張紙」框架這個技巧，也不是以能夠一次到位為前提。

若寫第一次時發現成果不彰，可以借用這次學到的經驗，再寫一次設想改善。在反覆這個過程的同時，就會開始發現問題點出在哪裡了。

「透徹思考能力」其實和「反覆的能力」同義。

「改善」、「設想改善」、「KAIZEN」

「設想改善」是最有名的豐田用語。

關於「改善」和「設想改善」的差異，已經在故事二中解釋過了。

若要再多加解釋，「設想改善」的英文可以寫成「KAIZEN」或「Continuous Improvement」。

「Continuous」這個形容詞，正是「改善」和「設想改善」之間差異的重點。其本質在於「Continuous＝持續」，也就是**「並非一時、一個部分、一次就結束」**。

請大家務必理解，實踐「一張紙」的背景，反映了「Continuous Improvement」這

10/10 問題為何？	若以時間軸劃分？	若以空間軸劃分？	若以人軸劃分？
網站架構並未考慮到用戶角度	想看什麼樣子資訊	導覽①：新聞	訪問者問卷①「找不到資訊」
是日文的英譯版，並不是國際網站	搜尋公司名，就能找到網站	導覽②：公司概要、理念、願景	訪問者問卷②「搜尋後不會跑出資料」
缺乏及時更新，以及有意義的更新	從首頁導覽搜尋	導覽③：科技	訪問者問卷③「看了還是不懂」
問題點為何？	遵循導覽，找到正確的網頁	導覽④：CSR、永續性	公司內部訪問①「沒有時間更新」
更新的目的不清	找不到時，運用網站內部搜尋	導覽⑤：IR、投資客資訊	公司內部訪問②「沒有預算更新」
這些累積組成了現在的網站	瀏覽文字資訊、圖、影片等	導覽⑥：招募資訊	網站架構並未考慮到用戶角度
得過且過，在缺乏用戶的狀態下更新	○○○	導覽⑦：社群、影片	公司內部訪問④「更新的目的不夠清楚」

種設想改善的心態。

若以上內容為前提，請將上圖解讀為「寫了好幾張後，最後整理出的內容」。

用紅筆篩選出「問題點」，最後填入左下欄位，語言化後，就進入STEP3吧。

更單純、簡單的拆解方式

在進入STEP3前，我想補充一點。

若覺得時間軸、空間軸、人軸的拆解太難，還有更簡單的實踐方式。

試著寫出幾個有問題的工作「過程」。

以剛才的例子來說，在「時間軸」寫下的「網站訪問者的路徑」就屬於過程。

另外也可以寫下企劃網站內容、製作、確認、公開等一連串的過程，並從中尋找是否有任何問題。雖然步驟很簡單，但光是這麼做就能實際掌握如何分解與問題點。

一般而言，這種手法稱為**「過程分析」**，但只要使用「一張紙」的架構，也可同樣以接下來①～③的動作實踐。

①用綠筆在第二列寫上「具體來說應該怎麼做？①」並用藍筆寫下工作過程，並必須控制在七個以內。

②在下一列寫下「具體來說該怎麼做？②」，寫下和①不同的過程。

③依據需求，連「具體來說該怎麼做③」也實施的話，在最後以紅筆找出問題點。

在案例中，將**「客戶方」的動線＝過程**寫在①列。

另一方面，在②列寫下**「自己公司方」的工作流程。**

接下來，比較兩者後的結果，發現目前營運網站時，聽取客戶意見的機會較少，是以

10/10 問題為何？	具體來說應該 怎麼做？①	具體來說該 怎麼做？②	具體來說該 怎麼做③
網站架構並未考慮到 用戶角度	想看什麼樣子資訊	徵詢關係部門意見	○○○
是日文的英譯版， 並不是國際網站	搜尋公司名， 就能找到網站	以聽取的意見為基礎， 擬定企劃，獲得核可	○○○
缺乏及時更新， 以及有意義的更新	從首頁導覽搜尋	請製作公司介紹、製作	○○○
問題點為何？	遵循導覽， 找到正確的網頁	進度確認、跟進	○○○
更新的目的不清	找不到時， 運用網站內部搜尋	公開前確認、公開	○○○
這些累積組成了 現在的網站	瀏覽文字資訊、 圖、影片等	告知內容	○○○
得過且過， 在缺乏用戶的狀態下更新	○○○	解析、更新路徑等	○○○

公司內部意見為主的問題。

而這些狀況，則能統整為左下紅筆寫的「在缺乏用戶的狀態下更新」。

若是這個方法，似乎就能更簡單將問題點明確化了吧。

當然，其實還是從各個切入點來拆解更好。但本書的主題為一點一滴地提升「透徹思考的能力」。

而相關書籍中，也有各式各樣的拆解方式。任何方式都無妨，只要你覺得能夠拆解，就實際動手試著做看看吧。

「一張紙」的「確認表」

接下來要說明STEP3的「決定目標」。但關於這點，許多人都不遵循寫出「一張紙」的流程，而是停留在腦中思考的階段。

雖說如此，若想實踐動作程度，實際「動手」操作，則可以透過「一張紙」框架，實行以下的標準化。

①製作如下頁圖示的「八個框框」的「一張紙」。
②用綠筆和藍筆，填寫如下頁圖示的架構。
③用紅筆寫下「目標」，並持續修正，直到各個項目皆打勾。

目標為何？	○○○
要檢視的內容為何？	☑ **Assignable＝是否能夠實現**
☑ **Specific＝是否具體？**	☑ **Realistic＝是否現實**
☑ **Measurable＝是否能測定**	☑ **Time related＝期限是否明確**

如上圖所示，這次要用確認表的方式活用「一張紙」架構。

若框框中的勾勾夠多，就能以視覺判斷這個目標足夠妥當。

順帶一提，再追加一點第二章中未能提到的一個重點，那就是「SMART原則」有許多變化型。

這次所介紹的例子，是以最初提倡者Doran提出的內容為基準。但若難以理解，也可以轉換成其他的形式。

如改成**「Accountable：是否為可解釋的目標？」「Relevant：是否為與公司價值**

觀和方針一致的目標？」「Thrilling：是否是令人興致高昂的目標？」等等。

還想知道其他變化型的人，可以參考《只有這些步驟！SMART（これだけ！SMART，暫譯）》（倉持淳子／すばる舍），請務必閱讀看看。

無論如何，由於每次都寫出要確認的重點實在太麻煩了，若一定程度地固定化，並事先填寫好格式化的內容，會讓這個STEP的實用性更高。

這點是我第一次寫到。本書中有**讀者限定的「輔助實踐內容」**。包含在其他STEP中介紹的「一張紙」數位版（Power Point）填寫範例，全都可以下載。

由於我個人認為比起數位，手寫更能讓我活動大腦，因此本書提出的內容也是手寫的框架。

但另一方面，我也能理解越來越多商務人士希望完全採取數位化。因此有需求者可以掃掃看**本書最後面所附上的QR code。**

此外，關於寫法及使用方式的說明，由於比起文字，以影片解說更好懂，因此我也準備了這方面的輔助內容。

若看到這裡，你還是無法意會這些步驟，請務必活用影片解說。

一本書讓你邊看書邊複習

接下來，就讓我們前進到STEP4吧。

按照慣例，想確認你是否還記得在第二章學到的精華呢？

希望各位能先試著靠自己的力量去回想看看。

本書接下來就會像這樣，透過後篇**貫徹防止大家「知道後就沒有後續了」、「學完後就**

滿意了」的機制，是一本組成相當罕見的書。

由於一般的書中沒什麼像這樣回顧及複習的機會，因此若沒有實踐意願，通常會將幾乎所有內容都忘記。

希望各位能一邊親身感受為何我會做如此奇怪的章節編排，一邊繼續讀下去。

以上，我是為了讓各位試著用自己的力量，想起前面的精華，因此才在這裡插入了這段打發時間的文字。如何，恢復記憶了嗎？

如同其他STEP，若以一行文字來整理重點，就會是接下來的內容。

為找出問題的原因，「擴張」所有可能性，然後縮限出根本原因＝真因。

若你的腦中早已擁有找出真因的「透徹思考能力」，根本不需要看本書的後篇。

但正如我從前言就不斷在說的，這本書正是寫給那些不善於透徹思考的人的。

若你陷在「該怎麼做，才能擴張、縮限呢？」的想法裡，我越希望你可以試著動手試試看。

用藍筆「擴張」，紅筆「縮限」

這次也要請大家用綠筆畫出「4×4」的框框，然後用藍筆和紅筆將想法「視覺化」，並實踐（①～③）。

①用綠筆如下頁圖示，畫出「框框」並填入「主題」。

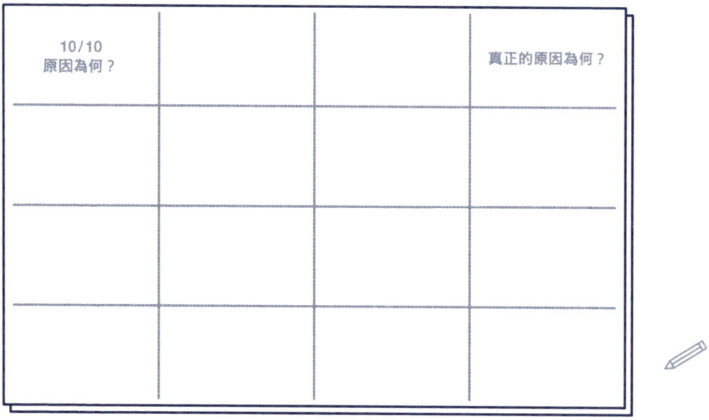

②用藍筆寫下幾個覺得可能的原因。
③用紅筆劃出箭頭串出因果關係，
尋找「根本的原因」。

藍筆步驟的重點，就是在寫出可能的原因時，**可以輕鬆、隨性寫下所有想到的事也無妨。**

若只在腦中想，又或是在紙上寫：「這是因為……」「之所以會這麼認為是因為……」「會變成這樣是因為……」等內容，如果只是以單一路徑不斷直線思考，就無法找出多樣化的因果關係。

接下來在紅筆的步驟中，我希望大家盡可能針對較深的原因＝根本的原因「用眼睛看、尋找其他可能的相關之處」。因此在使用藍筆的步驟時，必須盡可能先找出材料＝徹底執行「可視化」。

而關於**「沒有材料，就無法思考」**是第三章中學到的精華所在。你是否已經回想起來了呢？

若完全沒印象，當我提起「因為沒有咖哩的材料，所以無法煮咖哩」，說不定就會湧現記憶了。

其實故事寫法的好處，就在於要讓實踐時比較容易回想起來。

本書並不只是「因為這樣比較容易懂，所以告訴大家經驗談」。而是也希望大家「在實踐時容易想起來，所以才以故事的方式讓大家學習」。

由於版面有限，還有許多我沒能提及的複習重點。請各位以活用前篇所學為目標，繼續閱讀接下來的內容。

紅筆的步驟還有一個最大的重點，就是不執著於「五個為什麼」這件事。

當然，能加深印象是再好不過了。但一旦陷入「為什麼分析」中，就沒完沒了了。

依據本書慢慢磨練「透徹思考能力」的觀點來看，其實只要畫三個箭頭，就足以分析

10/10 原因為何？	不清楚應透過網站 達到什麼目的	網站營運費用不定	真正的原因為何？
幾乎沒有做 用戶調查和訪問	因為未經過討論、 明文化、共通了解	公司內部對營運網站部門 的權限，有不同的解讀	
「公司想傳遞某種 訊息」的氛圍太過強烈	「找出市場需求< 製作商品」的想法	對傳遞資訊的工作 輕視、漠不關心	
架設網站的原因只是 「這時代本該如此」	營運網站的部門< 主導內容的部門	對網路行銷知識不足	

10/10 原因為何？	不清楚應透過網站 達到什麼目的	網站營運費用不定	真正的原因為何？
幾乎沒有做 用戶調查和訪問	因為未經過討論、 明文化、共通了解	公司內部對營運網站部門 的權限，有不同的解讀	對營運網站的相關 組織體制不完備
「公司想傳遞某種 訊息」的氛圍太過強烈	「找出市場需求< 製作商品」的想法	對傳遞資訊的工作 輕視、漠不關心	對營運網站相關 方針不完備
架設網站的原因只是 「這時代本該如此」	營運網站的部門< 主導內容的部門	對網路行銷知識不足	公司內部對營運 網站不夠理解

原因。

若再深入探討，有些人可能會看不到盡頭。因此在第三階段的部分就先停下，可能反而會增加實質上的效果。

此外，這次舉的例子是回顧「網站營運之初遇到的狀況」，試圖找出更深層的原因。但只是深入探討，也不會有什麼改變。

因此也要考慮到ＳＴＥＰ５的「擬定對策」，關於無法擬定對策的原因，就先排除，不要深究吧。

最後，若感到「寫了卻好像哪裡不足」、「還想寫下去」、「想重新規劃一次」時，過程也與其他ＳＴＥＰ相同，就不要猶豫，直接製作第二、第三張資料，進而重新審視「透徹思考」的過程。

雖說如此，但實際操作過就會知道，製作每張資料的時間大概只需要五分鐘。所以就算寫了三張，不過十五分鐘就會完成。

「一張紙」架構，是一種**為了明確目的所開發的形式、型態、方法。希望能以最不麻**

煩的方式，將工作能力強的人們腦中的想法，融入自身行動。

為此，必須將降低執行的門檻。

兼具複習，若連結前一章中介紹的關鍵字，就是在技術化上沿襲了「動作經濟原則」。

請不要以為一次就能成功。不斷練習寫好幾張，以縮限至P227圖示的程度為目標吧。

透過改變做記號的方法，排出優先順序

最後是STEP5。

這次也將從再次確認故事開始。

「擴張」各種對策方案，進而「縮限」至實際上實行的對策

具體的作法和STEP4其實幾乎相同。請看下頁圖示。

①用綠筆如圖示，畫出「框框」與填入「主題」。
②用藍筆寫下想到的「對策」，並盡可能「擴張」。
③用紅筆畫下○△□，「縮限」出「對策」。

其中只有一點的作法明確轉變了，那就是③的「○△□」。

首先，用藍筆寫出對策時，目的是「擴張」。和STEP4時一樣，只要放輕鬆，寫下自己想到的事就可以了。

10/10 對策方案為何？			對策為何？

10/10 對策方案為何？	掌握用戶對網站的需求	設置討論會、 檢討會等會議	對策為何？
明確定義 營運網站的目的	與競爭公司網站做比較， 檢視比較指標	重新整頓支出機制	
明確界定為達成目的， 最合適的制度為何	針對其他業界評價高的 網站做調查、訪談	營運流程一元化	
與相關部門達成協議、 調整、尋求共識	研究、視察 其他國家的最新動向	為企劃招募專業人才	

而接下來紅筆的過程，則是將各式各樣的判斷標準化為實際問題，將各個符合問題的問題以圖形框著。至於該用什麼判斷標準畫圖型框框，其實在前篇第二章故事二中也介紹過了，大家還記得嗎？例如接下來的三個標準。

○貢獻度：哪一個對策「實施後會造成的影響」較大？
△難度：哪一個對策「相對容易導入」？
□即時度：哪一個對策若不「現在立即導入」效果會降低？

若無法記起這三點判斷基準，表示只處於讀完前篇就結束的狀態。我希望大家能以本書為契機，學會二宮金次郎式的讀書風格，如將冰化為水一般無止境活用。

順帶一提，若想強化讀書能力和學習能力，在本書之前一本的拙作《「紙1張」閱讀筆記法（早く読めて、忘れない、思考力が深まる「紙1枚！」読書法）》（SBクリエイティブ）是最適合的參考文獻，請務必讀讀看。

將「排出優先順序」這個「動詞」轉換為「動作」

我已在各個評斷基準前加註了圖形，請將符合問題的對策方案用○△□框著。

此時我希望大家注意一點，那就是這個過程的用意絕非要分類、分組。

重點應該在於**「積極找出重疊之處。」**

○△□全部重疊，表示是優先度很高的有效對策。因此重要的並非分類，而是「積極

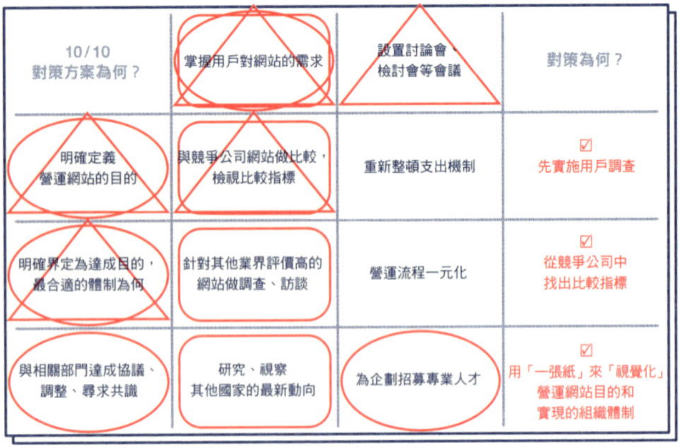

10/10 對策方案為何？	掌握用戶對網站的需求	設置討論會 檢討會等會議	對策為何
明確定義 營運網站的目的	與競爭公司網站做比較、檢視比較指標	重新整頓支出機制	☑ 先實施用戶調查
明確界定為達成目的，最合適的體制為何	針對其他業界評價高的網站做調查、訪談	營運流程一元化	☑ 從競爭公司中找出比較指標
與相關部門達成協議、調整、尋求共識	研究、觀察其他國家的最新動向	為企劃招募專業人才	☑ 用「一張紙」來「視覺化」營運網站目的和實現的組織體制

找出重疊之處，並掌握優先度高的部分」。

雖說「找出優先順序很重要」，但「意識到目的」也是同樣重要的動詞。而只要活用「一張紙」架構，就能**透過「提出複數個問題，以○△□框著」的方式標準化。**

由於是非常單調的作法，因此也許會有些人感到疑惑，認為「這方法真的可行嗎？」但有些事不做做看，就不會知道其價值所在。

因此將「訂定優先順序」動作化，在我過去的拙作中屬於一種相當高評價的標準化技術。由於「一張紙」能讓大家體驗到本書的意義，因此請務必實際寫寫看，感受看看。

這個章節的故事是……

以上，作為「在豐田學到的『透徹思考』技術」，我將TBP的STEP5以前，試著以「一張紙」框架試著動作化了。

本章就在這裡結束。

這表示只有這個章節，沒有我自身的故事。

這是因為第八章故事的來源，不是出自於我，而是各位。

正因如此，我將當時負責業務為基礎寫出的「一張紙」代替故事，當作填寫範例。

在進入第九章之前，請務必實際試試看STEP1至STEP5。我已經全部形式化成只要寫成「一張紙」，就能實踐的程度，所以接下來只需要「做就好了」。

唯有經過這種方式體驗、學習到的事物，才是自己掌握到的精華。

請經歷過這種體驗的人，再前進到第九章。

Essence of Episode

8

- 將STEP5以前，以自己的工作內容為題，試著寫出「一張紙」。
- 在實踐的當中，找出自己學習到的內容＝精華。
- 請積極活用幫助實踐的影片解說，以及數位版格式（詳情請見本書最後）。

第 9 章

故事9：「貫徹到底」

實踐TBP時最大的困難在哪裡？

到前一章為止，我已經以動作方式展現過前四章的複習，以及實踐的方法了。因此只剩下第五章的故事五了。

而其中最大的重點就在於以下三點。

What？Why？How？

一直到上一章，我都刻意不提到這個精華。而是直接實踐TBP五個STEP。

我想許多讀者心裡的想法都會是如此。

「要做的事也太多了吧……」

我也這麼認為。

正如我在第五章導入「What?」「Why?」「How?」時寫的一樣，我的記憶力並不算好。

所以雖然第八章的內容很重要，我也希望大家能一點一點的實踐……

但我個人認為站在讀者的角度，最好將跨出第一步的門檻降低一點比較好。

想養成「透徹思考能力」時可以這麼做

因此在這個章節中，我想要介紹一個十分簡單的架構。那就是**將目標限定在提升「透徹思考的能力」這項本書宗旨。只要在最後，學會寫出「一張紙」即可。**

而下頁圖示，就是那「一張紙」。

製作框框的方式和上一章相同。

用綠筆畫出「32個框框」的框架，並在題目處由左到右分別寫下「想思考的題材」、「What？」「Why？」「How？」。

又或是之後再說明原因，在這個階段先只寫「What？」也可以。

填寫方法也和上一章整理出的方法一樣。

首先，先從**「What？」**的欄位開始填起。

雖然寫是寫「What？」，但也可以用**「具體來說？」「問題在哪？」「問題點在哪裡？」**等自己較容易理解的說法解釋。

·1日期 ·透徹思考的題材	What?	Why?	How?

·10/10 ·改善網站營運	問題為何？	原因為何？	對策為何？
	網站架構並未考慮到用戶角度	更新的目的不清	討論、明文化營運目的
	是日文的英譯版，並不是國際網站	更新工作並未標準化	和所有相關部門形成共識
	缺乏及時更新，以及有意義的更新	關於頻率及費用、所需時間的確認不夠充分	設置專職負責人、專職小組
	在缺乏用戶參與的情況下運營	沒有專職負責人，只能在空閒時處理	為達成共識，設置會議
☑先從「應有的狀態」開始討論	沒有PDCA循環	把全部經營丟給外包業者	由外部招聘專業人士
☑應先文字化後，再建立共識	沒有擁有專業知識的人才	營運目的不清	將更新工作標準化
☑與管理者討論設置專職團隊	對管理的重要性認知不同	每個人對營運目的的認知有落差	訂定營運網站應有的狀態

又或是如左下圖，直接用日文書寫也沒問題。

用藍筆一面寫，一面「擴張」問題的可能性。再從中用紅筆「縮限」出問題點，並圈出來吧。

若覺得「只有七個框框不夠用」、「雖然試填了，但我想再重填一次」時，雖然原本下一列寫著「Ｗｈｙ？」但可以忽視，直接在右邊的框框中繼續填寫也無妨。

這就是在一開始製作框框時，我說可以只填寫「Ｗｈａｔ？」的原因。

由於易懂為首要目標，所以採取了先寫下「Ｗｈａｔ？」「Ｗｈｙ？」「Ｈｏｗ？」作為提示的方式。但以實際操作來說，一開始只寫下「Ｗｈａｔ？」的方法也許更方便。

無論哪種方法，當問題成功縮限為具體的問題點，這個過程就完成了。

而當橫跨至下一列時，請再寫一張。像這樣不採取一次到位的作法，也和前面的章節一樣。

為了成為「立刻著手處理的人」

接下來，就要開始填寫「Why?」的欄位了。

在這個部分，也請轉換成「為什麼會變成這樣？」「問題的原因為何？」「為什麼？」等自己較容易理解的語言。

又或是可以如241頁下圖的填寫範例一般，從一開始就以日文填寫也無妨。

請用藍筆，盡可能列舉出許多原因，並用紅筆以箭頭連接。一開始只需要嘗試連接一個階段也無妨，一起加深思考，找到根本的原因吧。

和「What?」的時候一樣，若七個框框不夠寫，可以寫到「How?」的欄位也無妨。

此時只要全部寫完後，再用另一張紙寫下「How?」的項目即可。

順帶一提，這邊「會動的＝動態的」的使用方式，應該比文字以及影片要來得更好懂得多。

與上一章相同，這裡的「一張紙」方法，也有用影片解說的「輔助實踐內容」。若光看文章意會不過來的人，也可以掃書本最後面的QR code。

最後，就來填寫**「How?」**的欄位吧。

先問出**「該怎麼解決？」「對策為何？」「該怎麼做？」**的問題，然後以藍筆列出可能的解決方案。

然後再換成紅筆，以前一章介紹的三個用來過濾的問題，畫上○△□，就能擬定處理對策了。

製作的手續如上，看完之後各位有什麼感想呢？

這個方法應該比上個章節的動作要來得簡單許多。

雖然每個案例的狀況會有所不同，但想選擇最簡便的方式，真的可以只用「一張紙」就鍛鍊出「透徹思考的能力」。

當然，由於精確度沒那麼高，還是會有某些案例無法光靠這個方式處理。

即便如此，我仍介紹「一張紙」方法的原因，在於雖然這個方法沒那麼準確，但仍希望大家都能透過本書，脫離被說「思考太短淺」的狀態。

因為我強烈希望**大家能為此跨出第一步。**

雖然這個方法真的很簡單，但「一張紙」的方法，成功讓第五章中的精華全都成功「動作化、標準化、形式化」了。大家還記得前面提到的本質嗎？

工作＝解決問題，就是為了解除「What?」「Why?」「How?」這三個疑問，而反覆「擴張」與「縮限」。

若是為了「更仔細思考」而踏出第一步，其實先從「一張紙」的方法開始便足夠。目前先以「一張紙」的框架為起點。若感到有不足，再與前一章中介紹到更詳細的版本搭配使用，慢慢進步吧。

統整：確認重現度是否有提升吧

最後，我還想複習一件事。

用「What？」「Why？」「How？」統整，最大的優點為何？

答案是，**就算是乍看之下沒辦法解決的問題，也能透過TBP的思考迴路透徹思考。**

這就是最重要的精華。

例如關於企劃的工作，透過訂定「企劃目的、背景（Why？）」「企劃概要、重點（What？）」「企劃實施方法（How？）」等，就能如下頁般，活用「一張紙」框架。

又或是關於每天的報告、聯絡、商量，只要思考「該報聯商什麼（What？）」「為什麼要報聯商（Why？）」「要怎麼做報聯商（How？）」就能用同一套模式應對。如下頁圖示。

如此一來，終於能達成第七章中所說的「伴隨著實踐的理解」。請再好好回味一下接下來這段精華。

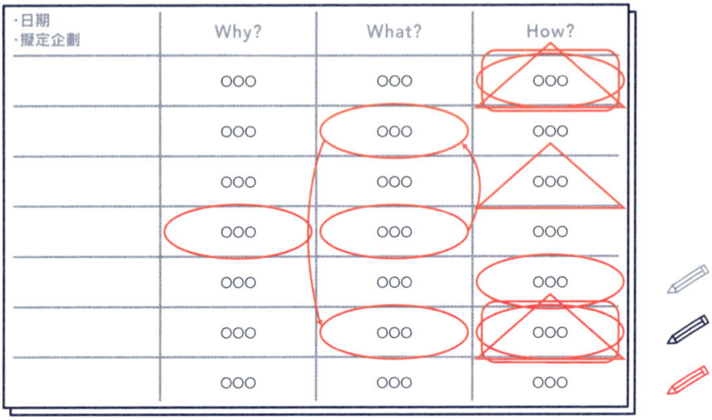
·日期
·擬定企劃
Why?
What?
How?
OOO

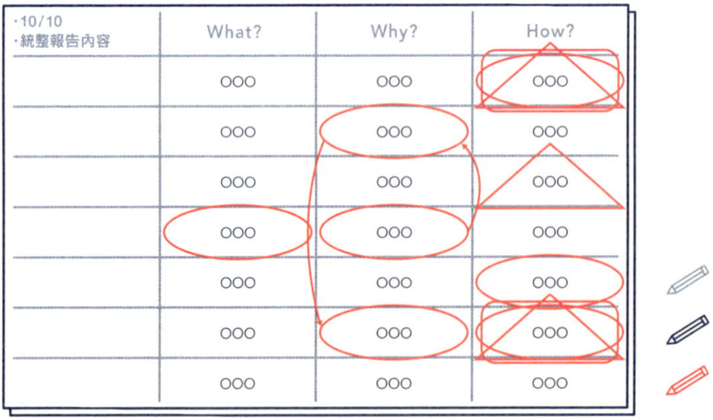
·10/10
·統整報告內容
What?
Why?
How?
OOO

將「透徹思考」標準化：

- **在「一張」紙上畫「框框」，決定「題目」並填寫。**
- **「題目」的設定，是為解決「What?／Why?／How?」等問題。**
- **透過反覆「擴張」、「縮限」，填滿「框框」。**

若各位讀到這裡，那大家對於這段精華的所有內容，應該都已經理解到能100％轉換為行動的等級了。

本書的初衷，是為了讓一些人「不再被說思考短淺、天真、淺薄」。

並希望未來各位能常常被身邊的人評價「你工作時真的思考很周全耶」，在工作時成為受到重視的存在。

我就是為了提供這樣的閱讀體驗，而寫這本書的。

真心希望有更多的讀者，能透過寫「一張紙」的動作，體驗前言中所寫的內容。

豐田和松下的共同管理職研習

總覺得寫到這裡好像已經到達了本書高峰，但其實我還沒寫到本章的故事。

由於後篇我希望大家能以動作為優先，因此本章也將故事往後延了。

而接下來我想將本章、剩下的第十章，以及結語這三個故事，當作輔助的經驗談，來說明**「徹底執行」重於「透徹思考」**這本《向TOYOTA學習！「1張紙」精準思考、解決問題》後篇要交給大家的概念。

這回的故事，其實是離開豐田，開始創業後發生的事。

故事背景，是聳立於名古屋車站前的中部地方廣場大廈。

二〇一八年，我在這棟大樓三十八樓的會議室中，出席了一場研習的演講。第四章的故事四中也有稍微提到，聽講者是豐田和松下升上管理職的人。

我之所以會參與這場演講，是因為我在當年出版了《成功語錄超實踐！松下幸之助的職場心法（超訳より超実践——「紙1枚！」松下幸之助）》（PHP研究所）這本書。讀過這本書的豐田人問我「你可以來幫我們演講，當作研習的一部份嗎？」

「人生世事難料」在說的其實就是這回事。竟然有緣能再次與豐田有交集，只能說是極其幸運。

豐田和松下之間工作方式的不同為何？

在研習中，我比較了豐田與松下的工作方式，也談到了「What？」「Why？」「How？」的事。

至於是什麼樣的內容，我在《松下幸之助的職場心法》中也引用過。若仔細看《路是無限寬廣（道をひらく、道をひらく）》（松下幸之助／PHP研究所），裡面有一段這樣的話。

無論做了再精確的判斷，若沒有勇氣，或缺乏執行力，那一切的判斷將不具任何意義。唯有勇氣以及執行力，能讓60％的判斷力，發揮100％的成果。

60％也就足夠了，希望大家能謙虛、認真地做出判斷。並擁有能讓其100％發揮的果敢勇氣與執行力。

我們並非全能的神，因此仍無法透過用「What？」「Why？」「How？」反覆「擴張」與「縮限」，百分百完美達到透徹思考。

最多不過能超過60％。而剩下的部分，為了能在往後回顧時，感到「還好有做這個判斷」，必須與眼前的現實搏鬥，需要「勇氣、實行能力＝貫徹的能力」。

若以「懂不懂？」「辦得到嗎？」「試試看吧？」三種分類來說，很明顯屬於「試試看吧？」的想法。

若以「What？」「Why？」「How？」來說的話，則屬於「How？」較明顯的思考迴路。

你是否陷入「扭曲的『Why』型」呢？

另一方面，正如第二章中介紹過的，豐田有「反覆詢問為何五次」的文化。這就是以「Why？」為主體的思考迴路。

關於這點，其實有一個相當重要的補充事項。那就是「反覆詢問為何五次」的標語其實是在製造現場誕生的。

工廠每日必須製造一定的數量，每天以流水線作業全速進行，自然是以「How？」的思考迴路為主。

因為當發生任何問題時，第一個出現的想法是「該怎麼做，才能盡快恢復生產」。

因此，**為了矯正偏向「How？」的大腦習慣，「反覆詢問為何五次」這個精華是有**

其價值的。

我希望大家能在了解這個前提的狀況下，去認識這句名言。

就好比同樣的藥物對於不同的人來說，也可能是一種毒。而這種精華偶爾也會引發負面作用。

例如大公司的上班族，工作上時常需要與很多人有交集，常常需要花上許多時間，也會出現停滯。

即使如此，大家仍會想著：「必須趕上交期才行」，並試著去努力。然而其實此時應該想的是：「該怎麼做，才能在發生這種事情的狀況下，仍趕得上交期呢？」「真的能完成工作嗎？」等「How？」類型的問題。

若早已在企劃階段就徹底思考過「Why？」類型的問題，現在當然可以以對執行面較具效果的「How？」為主軸。

但若身邊有人盲目認為「但豐田的強項就『為什麼分析』」，並不斷丟出「Why？」

的疑問，究竟會發生什麼事呢？

如「為什麼會停滯下來呢？」「〇〇部門是停滯的原因，為什麼你們是採取這種工作方式呢？」「說到底，會採取這種工作方式的主因，背景來自於九零年代發生的〇〇事件……」等等。

說白了，這其實就等同於大力踩下煞車，豈不是在找麻煩嗎？

過去就曾發生因為信奉「為什麼分析」，又同時屬於扭曲的「Ｗｈｙ？」型、會踩煞車的「Ｗｈｙ？」型人太多，導許多問題發生的狀況。

因此我在課程上會說：「比起這個作法，松下幸之助先生……」介紹剛才的名言，以及只有豐田和松下的共同管理職研習才聽得到的內容。在工作，上課之餘，還會有懇親會，對我來說是非常具有意義的學習機會。

「Why?」是煞車，「How?」是油門

我希望大家透過這個故事擷取到的精華，是無論多重要的教誨或架構，都依舊要「先以現實狀況為考量」。

希望大家不要誤解，我並不是在否定「反覆詢問為何五次」這件事。

在豐田公司內部，不只會奉行「六成的判斷即可執行」，甚至有部分人士將「總之先快速執行」視為與「為什麼分析」一樣重要。

此外，無論是哪間公司，「懂不懂？」型人都很容易同時陷入過度「Why?」型思考中。

而大家的腦中，是否已經浮現出某號人物了呢？

從豐田學到的「朱子學」、「陽明學」入門

他們的共通點，就是「比起現實，更傾向從腦中現有的知識去思考」。

這個態度的問題點，可以用本書中數度提及的陽明學來說明。陽明學本來就是因與江戶時代的官方意識形態——朱子學對立而成立的。

而陽明學對朱子學的不滿，簡單來說就在於朱子學**「理論＞現實」的部分**。也就是「先知↓再行」或「空有知識」這種輕視現狀，偏重理論的態度。

從陽明學的角度來看，就連正處於應先解決「Ｈｏｗ？」的緊要關頭時，仍固執於「反覆詢問為何五次」的「扭曲『Ｗｈｙ？』型」人，就像朱子學的信奉者一樣。

工作時應該重視「What?」「Why?」「How?」哪個疑問詞，應視眼前狀況而定。也就是在說陽明學所重視的**「理論∧現實」**。

若狀況停滯，**「過於謹慎不敢向前」**的狀況下，自然應優先採取**「How：面對下一步，該怎麼做？」**的態度。

另一方面，若**「毫不謹慎直接往前」**，則過度輕率，此時**「Why：為什麼會是這個走向呢？」**的想法比較有用。

又或是**「從頭到尾搞不清事情原委」**，不夠瞭解，討論總是過於抽象，那也許就需要：**「What：要不要先蒐集具體案例？要不要先去實地探訪？」**的吐槽了。

我想說的是，雖然「透徹思考能力」應透過「What?」「Why?」「How?」來實踐。但每個人、組織各有自己擅長及不擅長的疑問詞。可依照時間、狀況的不同，來決定是否要用，或是調整使用上的平衡。

因此我們必須依照實際狀況，去找出當下最適合的作法。

也就是所謂的**「理論＜實踐」、「理論＝實踐」「理論⇅實踐」**。若沒有知行合一的態度，**就無法讓「徹底執行」超越「透徹思考」了。**

你的想法偏向「What？」「Why？」「How？」中的哪個疑問詞呢？是否有比較擅長或比較不擅長的部分呢？

若有你不善於使用的疑問詞，我希望你能好好執行第八章中介紹的詳細版實踐法。

若「What？」比較弱，就參考STEP2；「Why？」有問題，就參考STEP4；不擅長「How？」，就參考STEP5。至於該如何依據自己的弱點設法改善，通通能透過做出動作，找到方向。

除了「徹底執行透徹思考」之外，也必須去衡量三個疑問詞。

正因如此，我才會提及這個故事，希望給大家一個機會，讓大家審視自己與職場是否有偏重哪個疑問詞。

Essence of Episode 9

- 實際試著寫寫看簡易版的「一張紙」解決問題方法。
- 試著思考自己偏向「What?／Why?／How?」哪一種。此時可將自己的台詞或口頭禪當作線索思考。
- 若有任何傾向，以前一章學到的實踐法為主，試圖改善。

第10章

故事10：「橫向展開」

豐田強大的祕密是什麼？

若撇除結語，這將是最後一個故事。

這其實是電影中常會出現的故事結構。我想要最後再重回一開始的畫面，不知道大家是否還記得故事0的背景？

就是那個只有4.5帖大小的丸山豐和宿舍。

我在序章中曾介紹過，我從老家帶來的書之中的《工作的思想 為什麼我們要工作？》。但我帶的書其實不只這本，當時我手邊還有十本左右的書。

雖然我的記憶有些模糊了，但我還清晰記得其中的兩本書。

那兩本書的作者是同一個人，分別是《生產系統的進化論（生産システムの進化論，暫譯）》（有斐閣）和《能力構築競爭——日本的汽車產業為何強盛（能力構築競爭——日本の自動車産業はなぜ強いのか）》（中音公論新社）。

作者是早稻田大學教授、東京大學名譽教授，藤本隆宏老師。

自從升上大四後的五月，我得到豐田的聘書後，曾有段時期我不斷在大學和社區圖書館穿梭，涉獵所有與豐田及汽車產業相關的書籍。

雖然我本來就有在讀相關書籍，但當我決定投身這個世界後，我閱讀的深度也變得截然不同了。由於這樣的經驗，我將其中最影響我的兩本書，一起帶去了豐田市。

接下來，我將把支撐本書主題「透徹思考」的部分挑出來，並超譯進而解說。但我想要在此先說出結論。

透過這兩本書，我在進公司前，就已經知道了「豐田之所以強大的祕密」。

當然，當時我只是把這些內容留在腦中（是冰而非水的狀態），並沒有真正受到打動。

但在我實際工作後，我對這兩本書的解釋能力和正確度感到佩服，且再次更深入去瞭解了內容。

向豐田學習到的解決問題方式有「滴水不漏的兩階段準備」

若要明文化，這個祕密就是接下來這一行。

豐田強大的祕密，在於「兩階段的解決問題方式」。

本書中所教過的TBP中，雖然有出現過「8STEP」，但卻從未出現過「兩階段」的內容。這到底是什麼意思呢？

在這裡將解釋我看過《生產系統的進化論》和《能力構築競爭》後，並自己充分消化後再重新構築出的內容。

一開始，我想先試著引用《能力構築競爭》的內容。

二十世紀後半，日本公司的「製造能力」由於擁有高度競爭力，被視為擁有一套合理的系統。但其實這只能代表這些公司最終有競爭力，因此也可以說這是屬於事後合理化的意思。

關於競爭，在事後被判定為合理的系統，並不代表事前一定有經過合理的決定。但這個懷疑的過程正是「能力構築說興起」的原因。

在這邊我想讓大家更了解的關鍵字，是**「合理性」有分「事前」和「事後」兩種。**

例如在商業上獲得成功的老闆，把他的經歷都寫成了一本書。若要將書寫得好懂，勢必需要具邏輯性的說明。但若要問這個老闆在面對每個狀況時，是否都經過「事前」的合理思考，進而做出決斷與行動，其實事實往往並非如此。

正因為我也寫過書才慢慢了解，越是毫無修飾的內容，且彷彿一開始就了解一切，談論成功的書，其實往往越是「事後＝補充」的說明而已。

若抱著這個想法閱讀，和書才能保持適當的距離，不會盲目相信。

若你不太能理解成功書籍的例子，請試著對照各位自身的經驗。回顧各位的成功經驗及事情順利進行時，是否都與你事先想好的過程和結果一樣呢？是否真的非常邏輯性、合理，並成功地獲得了成果呢？又或是回顧後，雖然能說出事情順利的理由，但**只算得上是「補充」的總結。其實在真正的結果出現之前，每天都必須在黑暗中摸索。**

若屬於後者，正屬於「事後的合理性」。

正因「事前」大量閱讀合理的商務書籍……

若將這套用在解決問題上，就能分為**「事前」合理的**解決問題過程，以及並非如此的**「事後」合理的**解決問題。

「事前」合理的解決問題，也就是將ＴＢＰ到ＳＴＥＰ５都事先透徹思考後，再進入ＳＴＥＰ６的徹底執行階段。也就是較為謹慎的風格。

若考慮到前一章的內容，就知道這套先學習手法後再實踐的態度，正是所謂「知↓行」的朱子學演繹方式。

你也可以理解為教科書式的、說明書式的意思。

另一方面，「事後」合理地解決問題，並不一定會按照五個手續仔細處理。雖然多少有一些不夠精確的部分，也能在不完整的狀態下進入實行階段。

又或是不按照五個STEP，而是突然開始實行，並事後再找出合理的說明。也符合**「一邊試一邊做，或是做了後再說」**的解決問題方法。

雖然往後回顧時，發現也能去套用TBP，但其實在事前階段，根本沒有空間、餘裕、心力去思考這些事。

像這種去直視混沌不明的現實的解決問題方式，正是「事後」合理的問題解決過程。一般的商務書籍，都是教我們先學習「事前」合理的知識內容，並再套用於現實狀況之中。

因此應該很多人看到這裡，還無法意會本章節的內容。雖然沒有概念與本書相似的書籍，但這是一種挑戰，讓大家有機會能學習「真正的事情」。

總之現階段只要了解「事前」和「事後」的TBP即可。關於前篇中學到的內容，其實只要了解到有兩種理解方式就好了。

必須「事後補充」的三個狀況

在看過《生產系統的進化論》和《能力構築競爭》，並思考自己每天工作面對、經歷的內容後，發現至少在三個狀況下，難以事前套用TBP。

而我整理如下。

①現實中遇到的變化1：「突然冒出來」系列

關於在事前準備階段不夠完整的狀況下解決問題，參考文獻中舉出了「企業家的構想」類型的例子。

意指**「不以環境分析和合理計算為基礎，而是以企業家、老闆、創業家的願景、信**

念、直覺為基礎」。大家能意會得過來嗎？

大家可以想像TBS週日日劇主角會對著鏡頭說出：「身為社長，身為負責人，我說要做就是要做！」台詞的樣子，應該會更好理解。

那些不符合常理，以老闆的直覺和觀察為基礎的工作，就符合這個類型。

但現實中，並非所有事都會有願景、信念、決心等「熱血的契機」。

往往只是「因為這是上面交代的案件……」

「因為這個案子是靠〇〇的人脈拿到的……」

「雖然我不是很懂這次為什麼要這樣，但總之是上面說的……」等情況。

若試著想像被迫接下工作時那種「無可奈何」的感覺，許多人應該更有現實感，也更能意會其中感受。

總之，這種工作多半**早已在一開始就已經決定好「How？」**，也就是「應該怎麼處理」了。

只要是「一開始就決定好做法」的案件，即便用了TBP，並用上「應有的狀態」、「問題拆解」、「分析真因」等方法，都還是會從早已決定好的對策來回推，也就是只能「事後補充」。

而這種湊合式的「透徹思考」是否真的毫無意義呢？其實並不一定如此。

為了獲得預算以處理工作，就必須製作合理且能夠用來審核的資料，進而說明。

雖然這麼做屬於「事後補充」，但即使如此，也常常能在透徹思考的過程中，意外地找出合理性，或適切的意義。

此外，像這樣以事後的合理性去思考「為什麼要這麼做？」「這個決策是為了解決哪種問題？」也許就能脫離當初那種「無可奈何」的被動感。

為了讓負責人工作時能發揮當事人意識，「事後合理地透徹思考的機會」其實不可或缺，也絕非消極。

就我而言，過去曾處理過一個活動和文化人的贊助工作。但幾乎未曾在事前依循合理的解決問題過程，來決定要找「什麼」或「誰」來當贊助商。

由於幾乎是先決定贊助商才會成案，因此只能在事後透徹思考「這個措施（How?）」為何會對「哪種問題（What?）」「有貢獻（Why?）」並通過審核。

這其實並沒有分好壞，而是面對這種性質的業務時實際上會碰到的狀況。

最重要的是，正因一路走來都直接面對眼前的現實，與之搏鬥，才能以「What?」「Why?」「How?」及「擴張」、「縮限」為基礎，自己找出最實用的解決問題方法。

而此時，最值得參考的就是判斷是「事前或事後」。

②現實中遇到的變化2：模仿系列

由於本書並非學術書籍，因此將以好懂、令人印象深刻、好記為優先進而命名。

變化2的「模仿」系列問題解決方式，在《能力構築競爭》當中被分類為「知識轉移」的概念。

也就是說試圖將於其他部門、組織、競爭公司等執行順利的「How？」，拿來套用在自己的部門，以及自己的工作上，進而解決問題。

可以理解為雖然已透過「What？」將問題明確化，並透過「Why？」分析原因，但關於「How」，則是參考其他公司的例子。

又或是不只是對策的部分，有時也會直接參考其他公司「What？」和「Why？」，去確認自己公司和組織是否也有發生相同的問題。

徹底活用前篇中所介紹的豐田用語「橫展」，其實就屬於這種變化。而在豐田公司內部也常聽見橫展的國外版本，也就是**「共享最佳實踐（best practice）」**這個詞彙。

因為此時就連要找出問題的「What？」，也是採取「向他人學習」的形式，乍看之下與「透徹思考能力」相距甚遠，感覺比較像是速度導向的行為。

但這其實是一種誤解。正因為每天以標準化的共同架構思考，當看到其他案例時，直覺就會發揮作用，產生「這也許能運用在我的工作上」的想法。

愛迪生有一句名言：「成功是99%的努力（汗水＝實踐）＋1%的靈感」。而我認為這就是直覺的本質所在。

正因為大家平時有用同樣的架構去透徹思考的習慣，所以直覺才會發揮作用，得以將橫展的最佳實踐，套用在自己的工作＝現實上。

③現實中遇到的變化3：「用現有的事物做些什麼」系列

雖然我寫了「用現有的事物做些什麼」，但在前述的參考文獻中，這點被分類為「環境制約」中。

就算在事前合理地依照「應有的狀態」、「明確定義問題」、「真因分析」、「擬定對策」的順序進行，但現實中多半仍會有許多如「人員數有限」、「預算有限」、「只有這些時間」等制約。

當真因分析後發現「原因出自人手不足」時，就算想用「How？」的階段增加人手，仍會遭到否決，打回原點。

因此也只能從一開始，就以無法增加人手這個環境限制為前提，去思考可行的對策。又或是以「公司的服務拓展至全日本」這個「應有的狀態」當作理想，但卻沒有足夠的資源時，也只能將目標先縮限到「先從當地開始耕耘」不是嗎。這正是所謂的巧婦難為無米之炊。

但若要問是否每次都要針對「What？」「Why？」「How？」透徹思考？其實並非如此。

而是應該因應現實中的各種狀況，如「就算會思考What？但視情況分解」「由於很清楚Why？了，所以這次先跳過」「How？是已知條件，但為了將工作賦予意義，就算是事後補充，也應該認真思考」等等。

實際上工作時，時常需要臨機應變的對應。若過於執著於要事前合理地實踐TBP，就會和前章中「扭曲的『Why？』型」人一樣，只是不斷踩煞車，讓工作沒有進展。

重視「透徹思考」，卻未「徹底執行」，就是本末倒置。

正因如此，我希望大家能先了解「事後合理」的用意。

對於工作「結果一切順利」時，積極給予鼓勵

以上三種變化的共通點，在於將TBP STEP5為止的部分或全部內容都拋諸腦後，一口氣直接進入STEP6的執行階段。

因為現實中也有許多「不完整的解決問題過程」。

《能力構築競爭》中還有一個「隨機嘗試」的變化型。其實就正如其名，**「總之先多方嘗試，結果問題就這樣解決了」**。

這是指一種極為重視行動，最後「結果也很順利」的方法。

若是懂得很多商務用語的人，可以把它視為「敏捷式管理」，也就是**「邊執行邊思考」的解決問題方式**，也許會比較好理解。

而讀到這裡，也許有些人會認為「但隨機嘗試，不就等於沒有在透徹思考嗎」。

許多商務人士都不太能接受這個概念，也難怪大家會這麼想。

但正因如此，在大家有真正了解這個概念前，我願意不厭其煩地寫下去。那就是知行合一，即是「思考與實踐渾然成為一體」。

因此即使突然進入STEP6的執行階段，在努力解決的當中，仍應設定「為什麼會卡關？（Why）」「瓶頸在哪裡？（What）」「該怎麼做才會順利？（How）」等問題，**在徹底解決的同時透徹思考。**

就算沒有在事前階段依循TBP的STEP，在實際執行階段的過程中，其實也不斷以廣義的方式整理「What？」「Why？」「How？」，並作為切入點透徹思考。

這才是在第一階段問題解決過程不完整時，實踐TBP的真實狀況。

成果原本就是來自「冥冥之中的安排」

在這裡我寫到了「第一階段」，但也許有人已經忘了，所以請容我再次和大家確認。我們正在學習豐田強大的祕密——「兩階段的解決問題方式」。而截至目前為止的內容，全都是關於「第一階段解決問題過程」的解說。

而其中的本質，就在於無論是哪一種變化型，在執行TBP時，都會留下某些STEP呈現未完成的狀態。

即使如此，在不斷與現實搏鬥，不斷嘗試錯誤之下，即使沒有刻意為之，還是能解決問題。

有時即使是一開始令人有些擔心的企劃，又或是找不到解決方法的工作，在最後還是會有意想不到的好結果，一切順利不是嗎。

《能力構築競爭》中以「歪打正著」、「弄假成真」、「弄巧成拙」來形容這樣的狀況。

我自己很喜歡彼得杜拉克在《創新與創業精神（イノベーションと企業家精神，暫譯）》（ダイヤモンド社）中提倡的預期外的成功（unexpected results），也常常使用。但大家聽到這個問題解決方式，能意會得過來嗎？

有可能是拼命工作時，在「意想不到的地方」，突然出現能幫助自己的人，一口氣解決原本找不到突破點的問題。

也有可能是某項某人一直沒處理工作，卻因突如其來的人事異動，使得交期反而能夠趕上。

又或是想和海外分公司合作推動的案件。而突然有一個其他案件的負責人剛好來日本，讓整件事有了大幅進展等等。

我認為上班族的工作，並不是發現新的生產技術及特殊的素材。在多半的狀況下，

「會讓工作產生預期外進展及成果的關鍵，是人」。

ＳＴＥＰ５之前的步驟與ＳＴＥＰ６，其實本屬於一體

即使獲得了預期外的成果，只要以「事後補充」的方法回顧，往往會發現過程中隱藏著「能夠重現的線索」。並為了在事後找出合理的說明，半強迫地試著套用ＴＢＰ。

而接下來，終於能夠說明後篇的三個ＳＴＥＰ了。

ＳＴＥＰ６：執行對策至結束

ＳＴＥＰ７：審慎檢視結果與過程

STEP8：將順利執行的過程標準化

關於STEP6的精華，便在於若有執行STEP1到5的**「事前合理」階段**，就能在行動的過程中，一邊透徹思考，找出STEP1到5中可套用的部分，**達到「事後合理」**。

關於詳細內容，希望大家可以去看《能力構築競爭》。但之所以需要事後合理的解決問題方式，是因為昭和時期的豐田，人員、資金和時間都有限，卻仍必須為了因應龐大的需求而緊急擴大。

在人手極度不足的狀況下，沒有餘裕去應和「事前合理」的想法。當時的第一選項，就是**「在全力衝刺的過程中，一邊執行一邊思考」**。即使如此，在事後回顧後可以發現，其實在工作時同時思考的五件事，並被後人標準化的，正好就是TBP的前五個STEP。

在檢視這些STEP的成立過程時，可以發現若一面評斷「能／不能照順序使用」，一邊實踐TBP，其實是一件很不自然的事。

正因如此，也可以一邊執行STEP6，一邊依據需求執行第七、八章介紹的「一張紙」方法。我甚至認為這是更自然、更適合實踐的方式。

知與行是在同時進行的狀況下，成為一體，進而顯現出來的。

雖然本質是如此，但由於在解釋時將知、行分開解釋比較容易懂，因此那些方法相關書籍上才總是呈現這樣的架構。

但「容易懂並不等於正確」。

若是讀完本書的各位，在遇到不好懂的內容時，應該不只是試圖去了解，而是會認為「在執行的過程中，將會明白」，並且轉換為樂於實踐的心境。

我衷心希望大家都能累積這樣的閱讀經驗。

STEP7與STEP8則是可在「解決問題的第二階段」活用

關於STEP7的評價過程，判斷「事前和事後」也是很重要的。

就像PDCA的教科書一樣，若事前有企劃書（PLAN）整理好STEP1至5的內容，就可以以此為基礎，做事後評價（CHECK）。

事實確實是如此。

另一方面，現實中仍有未能事先準備相關資料的狀況。

這種時候，就必須以「事後補充」的方式來總結。這並非壞事，也沒有不妥，而是非常重要的工作，讓我們得以進到下個STEP。

為什麼解決問題後必須「標準化」呢？

最後是關於STEP8的「標準化」。雖說如此，但其實書中早已將關鍵字解說完了。而關於「橫展」的方法，其實只要依據第三章81頁中介紹的方法製作「一張紙」資料，並以最佳實踐的形式分享給相關人員，就算是實踐了這個過程。

接下來我想聚焦的並非「How?」而在於「Why?」的部分。也就是TBP八個STEP中最後的STEP——「真正的意義」。

我想從《生產系統的進化論》中引用以下的內容。

「進化能力」這種公司特殊的事後處理能力，其實就是能有效執行第二階段過

程的能力。

這種能力，是對基於各種原因、及各種時間點上發生的「解」不「得過且過」，並與第二階段精心設計的過程連結，進而轉換為具有開發、生產能力體系的能力。

這段引用內容中最大的重點，就是針對「解＝第一階段的問題解決方式」，絕對不採取「這只是碰巧吧」、「只是剛好而已吧」、「是運氣好吧」這種**「得過且過＝省略STEP7和STEP8」**的作為。

而這也是為了在其他組織、部門工作的「某人」，又或是未來可能面對相同問題的「某人」，而將問題解決的方式套用全公司都認識的TBP框架，整理成「一張紙」並留存下來。

如此一來，總有一天，或某處的某人，將能因此不浪費時間，有效率地解決工作上的問題。

在製作時飽含著這樣的願景，就是豐田「一張紙」的本質所在。將以「一張紙」為起點的最佳實踐＝將好的範例「橫展」的企業文化，即是「兩階段的解決問題方式」，也是豐田強大的祕密。

實際上，正如第三章中所分享，我之所以能在新人時期從零跨出第一步，就是多虧了前人為了未曾謀面的我，而留下的「一張紙」。

而一張紙中，寫滿了這個工作能解決何種問題（What？）、為什麼會發生這種問題（Why？），以及該如何解決問題（How？）。

豐田與他人解決問題方式不同的關鍵原因

豐田強大的祕密在於「兩階段的解決問題方式」。為此，最重要的STEP，在於最後的STEP 8：「將順利的過程標準化」。

至於究竟該如何標準化及橫展，只要將答案統整為「一張紙」並共享即可。而對於應努力發展豐田強項的我們來說，應每天精進的最重要的議題，就只有統整「一張紙」的技術。

我在不知不覺中，徹底研究了豐田的「一張紙」文化，並深入瞭解，走上了比誰都努力實行的道路上。

而將這些軌跡以商務書籍整理之下，這本書就誕生了。

很可惜，在《向豐田學習「一張紙」統整術（トヨタで学んだ「紙1枚！」にまとめる技術，暫譯）》中只能寫到其中一部分。而這次因為這個重要時刻及因緣際會之下，我得以加入了許多「真正的事情」再次出版。為此我深感榮幸。

而本篇最後的故事精華如下。

若將TBP＝守則，將無法養成「透徹思考能力」。

提及標準化的第五章中也有寫到，我在學生時期曾學習柔道。

柔道有一種練習形式稱為形（在柔道中稱為形而非型，但其實意思相同），每天的練習中，勢必會有形的練習。

若比賽中直接套用形，對手當然會反抗，也會出招。即使如此，還是應嘗試抓住衣領或袖子，扳倒對手，盡可能創造與練習形時相同的場面。

這種感覺，只能透過實際的比賽，努力不斷嘗試，學習。而有時在比賽中進入一個無我的境界，因此到底是如何獲勝的，自己其實也不清楚。

這種時候，在比賽結束後觀看影片，才會發現「原來這個部分我做了跟形時一樣的動作」、「原來如此，為了在這個時候能成功扳倒對手，必須每天練習形。」等等。

回顧事後成功的主要因素，為了將偶然的勝利轉換成必然，必須「最佳實踐」化，並將經驗活用在下次的練習及比賽上。

這不正是「兩階段的解決問題方式」嗎。

這並不表示當學習了TBP的形式、型態、方法後，往後就只需將其當作守則一般套用即可。

和柔道比賽一樣，並非一切都可以直接套用。而是應該透過每天的工作，努力創造出屬於自己的守則。

當然，能夠事前合理思考時，可以透過TBP透徹思考。但若只能事後合理思考時，也必須盡可能努力去思考。

無論如何，希望大家都能嘗試到STEP8的最後，並將「一張紙」作為成果，留下紀錄。

唯有做到這些，我們才算得上是實踐了超越自我，「為了某人」解決問題。

就這樣，第十章、第零章和第一章有了交集，全部的故事串在了一起。

希望大家別只讀一次就結束，試著再從序章開始讀起。

當產生「迴圈＝連接上了」的感覺後再次閱讀，閱讀的深度應該會遠超越第一次閱讀

時。此外，如負責編輯所說，應該會感覺如電影《一屍到底（カメラをとめるな！）》一般有趣，讓人產生想反覆閱讀的感受。

如果可以的話，我希望這本書能常駐在各位的書架上，讓大家能繼續閱讀下去。若是如此，身為作者的我實在是感激不盡。

Essence of Episode 10

- 將本書內容套用在工作上，發現不適用。
- 即使如此，仍去思考在「部分工作」或「事後補充」上，本書的內容是否派得上用場。
- 唯有每天「徹底執行」才是知行合一的表現。也就是與「透徹思考」渾然一體的狀態。

結語

故事11：「0張紙」

在GLOBIS面試時被詢問的事

在第一章中也有提到，我並非一離開豐田就創業，中間曾轉職到GLOBIS。

為此，我在離開豐田的幾個月前，曾在下午請了半天假，偷偷參加了GLOBIS面試。結語要說的，就是那次面試的故事。

我已經記不太清那是第幾次的面試了，但記得我姿勢端正地坐在會議室中等待時，有一位員工（後續以面試官稱呼）猛然將門推開進了房間。

然後都還沒坐上椅子，就突然問了我這個問題。

「你是豐田員工對吧，你覺得TBP中最重要的STEP是什麼？」

面對突如其來的問題，我雖然疑惑，但其實只需要回答這本書的內容就好了。

實際上，我是這麼向他說的。

「我認為最後的『STEP8』才是豐田強大的來源。之所以這麼說……」

正準備仔細說明時……

我被他中途打斷：「不是！你到底在豐田學到了什麼！」然後面試彷彿就變成了TBP的特別講座。

「聽好了，多數的商務人士被問這個問題時，都會回答『STEP4：真因分析』。你知道為什麼嗎？」

我回答他：**「豐田有『問五次為什麼』的口號，是受到這個影響，所以才直接回答了**

不是嗎？」

「沒錯，正是如此。」我終於獲得了第一個肯定的回答。

雖然稍微放心了下來，但這段熱烈的課程其實才剛開始。

「但無論再怎麼追求真因，只要弄錯『某件事』，就會大受損失，且嚴重浪費資源。你覺得是什麼事？」

我明明是來參加面試的，事情的發展卻讓我驚訝。但我也只能拚命努力回答。

「『某件事』就是STEP2的『要解決的問題』。若偏離目的，就算分析了真因，得到的根本原因還是會有所偏誤。如此一來，STEP5之後的對策、執行也會通通崩解，成了枉然。」

面試官笑了笑，開心地回答我。

「答對了！什麼啊，你很懂嘛。

你一開始是不是很緊張？不過畢竟我問得很突然，這也沒辦法。

懂就好，一開始的問題，回答就如你所說，是『STEP2』。

重要的是沒有遺漏，沒有重複，掌握現狀，將問題係分化，找出問題點。若在這個時候好好『透徹思考』，就能在工作時省去浪費。」

這樣真的可以嗎？

讀到這裡，各位覺得如何呢？

確實，若只回顧本書的前篇，的確可以回答「ＳＴＥＰ２」沒錯。

但當加入了後篇，「ＳＴＥＰ２」還是最重要的嗎？究竟是「ＳＴＥＰ２」重要，還是「ＳＴＥＰ８」重要呢？此時「糾結」的部分就來了。

如第六章所學到，這種時候，豐田人應該會「以兩者皆入手為目標」，而非擇一。當時的我也是這麼想的。

因此我用了「以眼還眼，以講座還講座」般的氣魄，試著對他充滿魄力的講座也回以講課。

「我本來只是來參加面試的，但真的很感謝有機會聽這段內容，讓我對TBP有更深的認識。不過我可以談談為何我一開始會回『STEP8』嗎？」

他回道「當然！」由於獲得了積極的反應，我熱血地告訴他我第十章中所寫的內容。

並在最後統整如下。

「為了在STEP2中沒有遺漏，並避免重複地檢討問題，必須接觸許多案例。此外，由於資源有限，不一定每次都有時間能好好檢討。

實際在豐田工作時，確實大多也都忙得無法檢討。

正因如此，我認為透過STEP8確實標準化、資料化，以最佳實踐的角度，向相關人士橫展的文化更顯重要。

我自己也曾多次因參考橫展的內容，而得以省去許多浪費，使工作更有效率。」

但這並不是縮減程序及思考短路化。由於很少狀況能直接應用，只能當作思考的題材，最終仍必須靠自己努力思考，執行到最後。其實也只是比從零開始思考要來得有效率而已。

雖然說了這麼多，但正因為有標準化及橫展的文化，才能將STEP2以最短的時間，以及高準確度又務實的狀況下實踐。

雖然很想用STEP2好好思考問題點，但實際上卻沒有時間。

考慮到現實問題，為了設想改善最重要的STEP2之效率，我認為STEP8的重要度也不遑多讓。」

當我說完這些話，面試官這麼說。

「原來如此！真有趣！謝謝你！」

就這樣，連我的自我介紹及應徵動機都沒問，就離開了房間。

即使如此，我通過了這場不可思議的面試，進入了GLOBIS。

「0」張紙潛藏的意義

由於這個故事的背景並非豐田，所以我並未放在正文，而是放了結語裡。此時我有一個問題想問大家。

大家認為，我之所以將這個經驗談放在最後面，還有什麼別的理由嗎？

首先，第一個理由，是這些內容能作為「本書總結」。

還有一個理由，就是為了解釋本書的封面和書腰上所寫的**「『零張紙』徹底執行」**。

（沒注意到的人，請務必確認。）

到前一章節為止，已經仔細說明過，「透徹思考」和「徹底執行」指的其實是同一件事，不應分開思考。

而還沒提及的，其實是**「零張紙」**的部分。

其實像剛才提到的面試，我就面臨了「零張紙」＝毫無準備的狀況。

在沒有辦法「視覺化」的狀態下，等於是單純以口頭應對前面的應答。

且還是在事先準備的自我介紹和應徵動機都沒用到，突然被問到TBP的問題，必須立刻回答的狀況。

若是各位，在面對同樣的狀況時，有辦法順利回答嗎？

其實只要實踐本書內容，並培養「透徹思考能力」，就做得到。

事實上，不將TBP視為守則，而是以知行合一的觀點透徹思考、徹底執行，並運用在每天工作上的豐田人「有一個共通點」。

善於「透徹思考＝徹底執行力」的人，在面對事情時會更顯強大。

接下來我將從面試等級的個人小事，擴展到宏觀規模的大事。而在豐田的時期，我也曾經歷過次貸危機、雷曼兄弟金融危機、東日本大震災、汽車召回等事件，確實發生了許多事情。

後來也遇到了災難與新冠疫情等等。每年不斷發生突發狀況，頻繁到讓人不禁想重新下定義。也許時常發生事情，才是我們的日常。

當陷入這種非日常狀態時，根本沒有餘裕能悠閒地從STEP1開始解決問題。也就是說，當我們無法以「事前合理」的方式應對，就將考驗「事後合理」的解決問題能力。

無論如何都應將「結果一切順利」為目標，在當下透徹思考，能徹底執行至解決為止才是最重要的。

在這種狀況下，並沒有餘裕寫「一張紙」。

若是在分秒必爭的狀況下，應該什麼也不寫，也就是必須在**「零張紙」的狀態下，也要發揮出不亞於用「一張紙」整理時的能力**。

那該怎麼做，才能培養這種能力呢？

答案就是在比較有餘裕的**平靜時刻，就將寫「一張紙」的基本動作做好。**

應趁風平浪靜，沒有面臨特別狀況時，來看自己能多仔細，以及是否能以事前合理的方式提升「透徹思考能力」。

又或是考驗平時累積了多少的經驗，才能在發生事情後以事後合理的方式將一切串在一起。

這些度過平靜時刻的方式，都將左右有事時的應對能力。

若要以動作來說，就是考驗平時是否有運用在本書中所學的「一張紙」解決問題方式，來透徹思考、徹底執行。

唯有這些累積，才是力量及自信的來源。讓我們得以在需要的時候，以「零張紙」想辦法應對。

其實我在二〇一五年出版的《向豐田學習「一張紙」統整術》中，也寫過**「最終目標為『零張紙』」**的話。

然而幾乎大多數的讀者都不記得內容，七年就這樣過去了。

這段時間中發生了許多事情，大家又是否有成功應對呢。雖然是很艱難的時代，但這也是我希望在後篇寫出的「真正的事情」中的一個例子。

而未來這些事情，是否會減少呢？

我想大多數的人，恐怕都有預感，認為這些事「會變得越來越多」。

若是如此，能將本書讀到這個部分，表示目前應該是你的平靜時刻。因此更應該趁此時多寫「一張紙」，提升透徹思考能力不是嗎。

唯有在這種日子中累積自己能力的人，在面對事情時才能夠「徹底執行」。且無論在什麼樣的時代中，都有可能「存活下來」。

靠「零張紙」徹底執行的祕訣，在於平時透過「一張紙」透徹思考。

在這邊解釋完封面和書腰上所寫的訊息了。最後我想再問一個問題。

「透徹思考、徹底執行」後的「存活下來」，指的是什麼意思呢？

GLOBIS的面試最終是以這句台詞收尾的。

「原來如此！真有趣！謝謝你！」

在第一章中介紹的「豐田模式二〇二〇」，是以「為了『某人』」作為開端。

那最後我會以什麼話做結尾呢……

說出「感謝」。

人無法靠自己透徹思考、徹底執行、存活下來。

只要人類是不完整、「尚未完全成熟的狀態」，就勢必需要幫助。

因此請不要只在自己腦中絞盡腦汁想辦法。

整理成「一張紙」，然後給其他人看看，留下紀錄，讓它派上用場。並將這些行為當作工作的基礎動作一般徹底執行。

如此一來，將時常聽到身邊的人「感謝」。

在遇到事情或有突發狀況時，請不要試圖靠自己一個人解決。

可以透過參考過去某個地方、某人所製作的「一張紙」。雖然一個人可能做不到，但透過他人的協助，總有辦法徹底執行的。

如此一來，將時常向他人表達「感謝」。

無論是「透徹思考」、「徹底執行」，還是「一張紙」、「零張紙」。

本書所寫的所有內容，都與「讓旁人輕鬆」脫不了關係。

我之所以透徹思考、標準化、橫展，也把這本書寫完，就是因為有各位在。

雖然這些內容都只是文字，但其實我很想「說出來」，向各位傳達最後一句話。

真的很感謝各位讀到最後。

後記

我寫本書的契機，是源自於我在二〇二一年末創立的「イチラジ：『紙1枚』Radio（1Radio：「一張紙」）」YouTube頻道。

這是為了讓更多人知道前作《「紙1張」閱讀筆記法》而開設的頻道。頻道的內容，是我用「一張紙」介紹了許多本書。

有一次，在介紹GLOBIS在職時認識的荒木博行先生著作《自己思考讀書法（自分の頭で考える読書，暫譯）》（日本実業出版社）時，我收到了負責那本書的川上編集長的訊息。

我本來以為只是道謝的信，但沒想到信中的內容卻是：「我想請你以『透徹思考』為題，用在豐田時代的經驗寫一本書」，提供我出版的機會。

但正如正文中所寫，我曾出版過《向豐田學習「一張紙」統整術》，且曾進入當年年度排行熱銷第四名，所以根本沒有以豐田為題寫新書的想法。

然而黃金週結束後，他再度連絡我，說他的提案通過了。

最後的轉機，是在隔天。當時我人在和歌山。

我在住宿處偶然拿起的傳單上，看到了熊野本宮大社。看到照片後我立刻興起了：

「這裡一定很了不起！」的想法，並立刻決定前往。

這個直覺是對的。其實這是一個很厲害的能量景點，特別是在入口處附近的指示牌。上面寫著「這理是熊野古道的**終點**。也是復甦的**起點**。」

看到這段文字時，我的心中出現了以下的這段話。

創業十週年，總計十本，累計五十萬本著作的紀念作：
《新・向豐田學習「一張紙」統整術的【完整版】》。

我是在二〇一二年十月一日創業的。因此在當下，已經創業超過九年半了。但我卻沒有做任何慶祝十週年的舉動，不過當下也不是處於想辦派對的氛圍。

另一方面，我卻也想為這十年來支持我的讀者和聽眾一些回饋，因此就想以寫這本書，來當作感謝。

在參拜這個契機下，一口氣統整好了這個構想。

當頻率對上了，我開始想起了許多事。因此當時和負責豐田書的責任編輯，說了以下這些話。

若以星際大戰來比喻，《向豐田學習「一張紙」統整術》就有點像是第四到第六集。

而基礎的TBP，我則想定位為第一到三集，寫成像前傳一樣。

再加上故事的結尾，我想將「TBP」和「一張紙」這些既不是守則，也不是範本，

定位曖昧但卻重要的「真正的事情」寫進「第七到九集」，當作續集，放在最後的部分！

就這樣，我將這些好不容易構思出的三個部分作為創作基礎，開始著手打造整本書的概念。

此外，在我執筆期間，《新・超人力霸王》剛好上映。作者似乎也試著自己將過去的作品脫胎換骨，再建構，並重新注入了活水。

身為創作者，這次的嘗試實在非常有趣。就個人而言，這可說是我最開心的執筆經驗也不為過。

最重要的是，這樣的重建，對於新、舊讀者來說，都能獲得一種融合懷舊與新穎的《新・〇〇》讀書體驗。

但要說是【完整版】，大概還需要多五百頁左右的篇幅，因此這次還有許多沒能寫完的內容。

為了能幫上大家的忙，我準備了**「本書讀者限定的實踐支援內容」**。請不要在播放字幕的中途就離席，讀到最後一頁吧。

以上，雖然寫了很多有的沒的，但我這次想做的其實只有一件事。

那就是對這十年來支持我的讀者們報恩。

這想法轉換成了活力，點綴了整本書。

對比起寫前作《「紙1張」閱讀筆記法》時，用著「我堵上了性命」如此重的話，本書對我來說是相對較輕鬆的書。

特別是那些只要自我意識過高，或比較會保護自己，就會寫不出來的經驗談。最後也因為「希望對那些長年支持我的人派上用場」的想法，而讓我毫無畏懼地寫下來了。

我之所以會一直引用「為了『某人』」，是因為我本人透過執筆本書，實際體驗了這句話的意義。

接下來就懇切希望這本書能對各位派上用場。

以上，本書因為不可思議的過程和緣分，是**在「事後合理」的方式下創作出來的紀念作品。**

首先，我想要表達我最深的感謝，給讓我體驗如此特別經驗的川上編輯長，和總是支持我寫作的家人。

若要在這裡表達我的感謝給所有人，可就沒完沒了了。本文的最後也將以感謝做終，因此我希望在最後寫下未來在實踐時，能夠支持各位的四個字結束本書。

那就是我很喜歡的一句話，「百鍊自得」。

「一張紙」WORKS 淺田卓

面對未來

特別訊息

※僅獻給想實踐的讀者

- 文中也有提及，本書中含有「協助實踐的內容」。
- 準備了「一張紙」案例的檔案，以及影片解說內容等。
- 詳細內容可查詢以下網址，或掃QR code確認。

https://asadasuguru.com/10th/

向 TOYOTA 學習！
「1張紙」精準思考、解決問題

出　　版／楓書坊文化出版社
地　　址／新北市板橋區信義路163巷3號10樓
郵政劃撥／19907596　楓書坊文化出版社
網　　址／www.maplebook.com.tw
電　　話／02-2957-6096
傳　　真／02-2957-6435
作　　者／淺田卓
翻　　譯／李婉寧
責任編輯／黃穫容
內文排版／楊亞容
港澳經銷／泛華發行代理有限公司
定　　價／450元
初版日期／2025年9月

國家圖書館出版品預行編目資料

向TOYOTA學習！「1 張紙」精準思考、解決問題 / 淺田卓作；李婉寧譯. -- 初版. -- 新北市：楓書坊文化出版社, 2025.09　面；公分

ISBN 978-626-7730-45-4（平裝）

1. 職場成功法　2. 思維方法

494.35　　114010800